鉱物・宝石の ✦ひみつ✦

松原 聰 監修

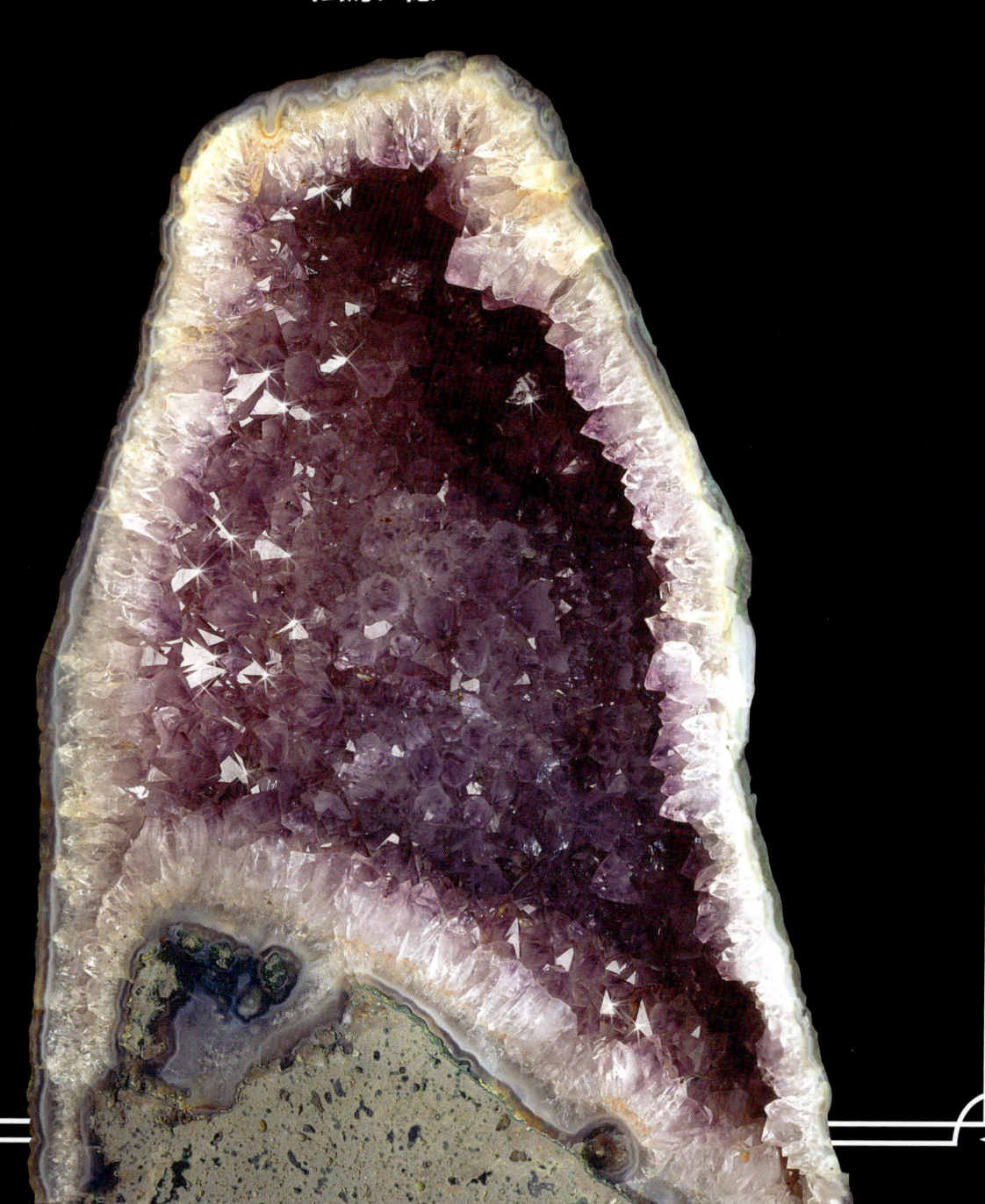

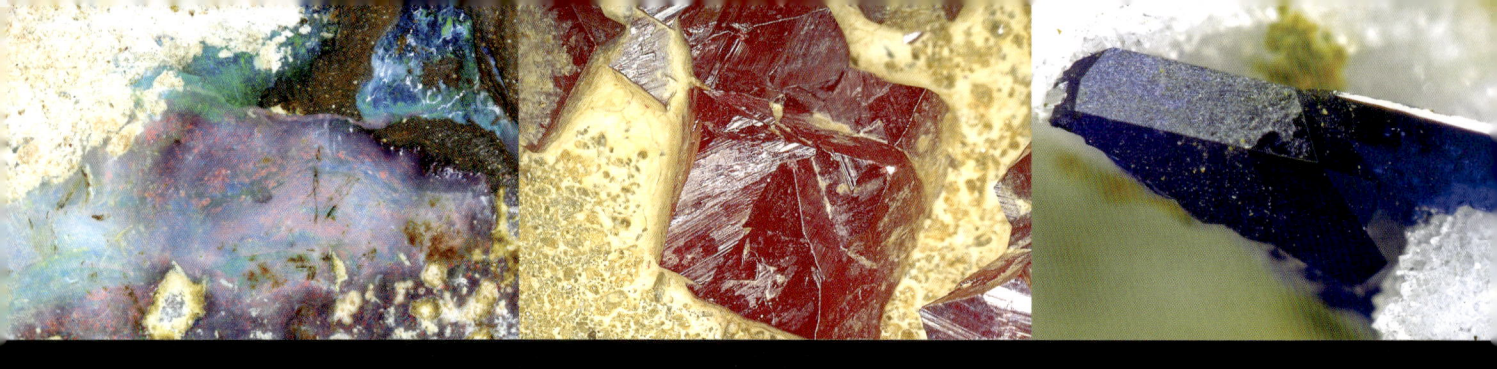

はじめに

　鉱物とは、大地のはたらきによりつくられた固体の物質で、そのなりたちに生物が関係していないものを指します*。鉱物にはさまざまな種類があり、現在約5300種類が知られていますが、これらは鉱物の化学組成と原子の並び方の違いにより分類されます。日本はせまい国土の割にはいろいろな鉱物を産出する場所となっていて、100種類以上の新鉱物も国内で見つかっています。

　鉱物のなかには、金や鉄、銅をはじめとした金属の材料になるものをはじめとして、さまざまな製品の原料として人間の役に立っているものがたくさんあります。人類の歴史も、鉱物からさまざまな物質を取り出し、またそれを加工して用いることにより進歩してきたのです。

　ふだん身の回りで見かけるさまざまな岩石は、実は鉱物が集まってできています。倍率の高いルーペで岩石の表面を観察したときに見える小さなつぶが鉱物で、たとえば代表的な火成岩である花こう岩を観察すると、石英や曹長石、カリ長石、黒雲

　母などの鉱物の結晶が集まってできていることがわかります。

　あざやかな色合いをしていたり、宝石のような輝きをみせるもの、黄鉄鉱やほたる石の結晶のように人間がつくったとしか思えない整った形や面白い形のものや、めずらしい性質をもつ鉱物などもあるため、それらの標本を鉱山などで採集したり、購入するなどしてコレクションにする人もいます。また鉱物だけでなく、鉱物の集合体である岩石を採集することもできます。石拾いの場所としては河原が向いていますが、採集する場所によって石の種類は変わってくるので、拾う場所を変えてみたり、集めた石の種類を調べてみるのも面白いかもしれません。

　地球が誕生してから約46億年たちますが、鉱物のなかには数十億年の歴史を持つものや、結晶の成長に数億年かかっているとされるものも存在します。鉱物は、そのでき方により種類と性質の違いがあらわれてくるため、鉱物について知ることは、地球とその環境の歴史を知ることでもあります。

＊鉱物の定義には、例外もあります（→p.36）。

もくじ

鉱物・宝石のひみつ

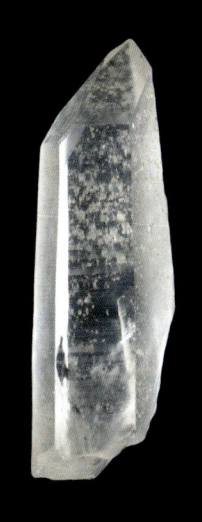

巨大な鉱物の洞窟、ナイカ鉱山

2000年、メキシコ・チワワ州のナイカ鉱山の地下300mで、最大で長さ11m、直径4m、重さ55tにもなる巨大な石膏（透明な石膏〔セレナイト〕）の結晶がある不思議な洞窟が発見されました。

結晶がここまで大きく成長したのは、洞窟を石膏の原料となる硫酸カルシウムが豊富に溶け込んだ地下水が満たしていて、さらに地下にあるマグマの熱で水温が58℃に保たれていたためです。このような安定した環境のもとで、石膏の結晶が何十万年もの長い年月をかけて成長していったものと考えられています。

この洞窟は近くにある鉱山の開発により、空洞を満たしていた地下水が抜けたことで発見されました。洞窟に入れるようになったあとも、内部の気温は50℃にもなり、探検するためには特別な装備が必要で、冷却スーツを着た人間でも長時間いられないほどでした。現在は巨大結晶の保護のため、洞窟は再び地下水で満たされ、立ち入りも制限されています。

1章

さまざまな鉱物と宝石

自然金・兵庫県中瀬鉱山

鉱物って何だろう？

鉱物とは？

自然によって生み出された無機物で、1種類または複数の原子（→p.38）が一定の規則に従って並び、結晶になっているものです。
たとえば石英（水晶）は、地殻のなかでもっとも多い鉱物のひとつで、ケイ素（Si）と酸素（O）という元素からできています。

鉱物

紅石英

石英が大きな結晶となったものが水晶。たとえば不純物がまざって、ピンク色になったものが紅石英です。

●岩石と鉱物

私たちがよく目にする石ころや岩石は、複数の鉱物が集合したものです。
岩石を構成する鉱物のことを「造岩鉱物」ともいいます（→p.40）。

岩石

花こう岩

黒雲母

石英

曹長石、カリ長石など

花こう岩を拡大してみると、つぶ状の鉱物の集まりであることがわかります。花こう岩の半透明な部分は石英、黒い部分は黒雲母、白い部分は曹長石やカリ長石などの鉱物からできています。

鉱物のデータの読み方

鉱物の種類は以下の性質で決まります。つまり、化学組成や結晶系が違えば別の種類の鉱物ということになります。

- 硬度
- 比重
- 化学組成
- へき開
- 結晶系
- 色
- 条こん
- 光沢

硬度 (→p.47)
鉱物の硬さを「モース硬度計」（1～10）で表した数値です。

比重 (→p.50)
鉱物の重さを、同じ体積の水とくらべて何倍かを表した数値です。

化学組成 (→p.38)
鉱物の成分である元素※の種類とその比率を表しています。

へき開 (→p.49)
少しの力を加えただけで同じ方向に割れる特性のことです。本書では5種類の方向に分けています。

結晶系 (→p.45)
結晶の基本となる原子の並び方の種類を表しています。本書では7種類に分けています。

色 (→p.46)
鉱物の見た目の色で、同じ鉱物でも複数の色をもつものもあります。

条こん (→p.46)
鉱物を粉末にしたときの色で、鉱物の種類によって決まっています。

光沢 (→p.48)
鉱物の輝き方を、本書では7種類に分けています。同じ種類の鉱物でも、見る方向や結晶の集まり方などによりさまざまです。

※元素の周期表はp.38にあります。

くらしに役立つ鉱物

私たちの生活はさまざまな鉱物によって支えられています。いつも歩いている道路から、身の回りにある家電製品や生活雑貨まで、地球がつくった鉱物を原料につくられています。このような、くらしに役立つ鉱物をたくさんふくむ岩石を「鉱石」といい、鉱石から必要な金属を取り出すことを「製錬」といいます。

自然金（金）[ゴールド]

標本の産地：ベネズエラ

とてもやわらかい金属で、金ぱくにすると1万分の1ミリまで薄くのばせます。古くから宝飾品や金貨などに使われ、電気をよく通すため電子部品などにも使われています。岩石中から見つかる金は「山金」といいます。

❇ 2 ½〜3　❇ 19.3　❇ Au　❇ なし
❇ 立方晶系　❇ 黄金　❇ 黄金　❇ 金属

電子部品
金は電気をよく通し、さびないため、端子には金めっきがほどこされています。

ツタンカーメン王の黄金のマスク
金は、雨や風などにさらされてもさびたり、色あせたりすることがないため、3000年以上も前につくられたマスクが、今も黄金色に輝いています。

砂金

標本の産地：神奈川県山北町河内川

川底で見つかる自然金を「砂金」といいます。自然金のなかには銀がまじっているのですが、銀が水に溶け出すため、山金よりも砂金の方が純度の高い金になります。

❇ 硬度　❇ 比重　❇ 化学組成　❇ へき開　❇ 結晶系　❇ 色　❇ 条こん　❇ 光沢

自然銀（銀）［シルバー］

標本の産地：北海道札幌市豊羽鉱山

銀は、金と同様に古くから宝飾品や銀貨などに使用されてきました。銀白色に輝きますが、硫黄成分にふれると表面が黒くさびます。金属鉱物のなかでいちばん電気や熱を通すため電気製品に利用されたり、殺菌力をもつため抗菌剤などにも使われたりしています。

💠 2 ½〜3 💠 10.5 💠 Ag 💠 なし 💠 立方晶系
💠 銀白 💠 銀白 💠 金属

銀の食器

自然銅（銅）［カッパー］

標本の産地：鳥取県岩美町岩美鉱山

銅は人類が初めて道具に利用した金属だといわれ、特に銅とスズの合金である青銅（ブロンズ）は、古代からさまざまなものに加工され、現在の10円硬貨にも使われています。銅の鉱床や、結晶片岩（→p.41）などの岩石中から産出する赤銅色の金属鉱物です。空気中で表面がくすんだ色にさびます。

💠 2 ½ 💠 8.9 💠 Cu 💠 なし 💠 立方晶系 💠 赤銅 💠 赤銅 💠 金属

銅でできた電線
電気や熱をよく通すため、さまざまな家電製品に使われています。

10円玉

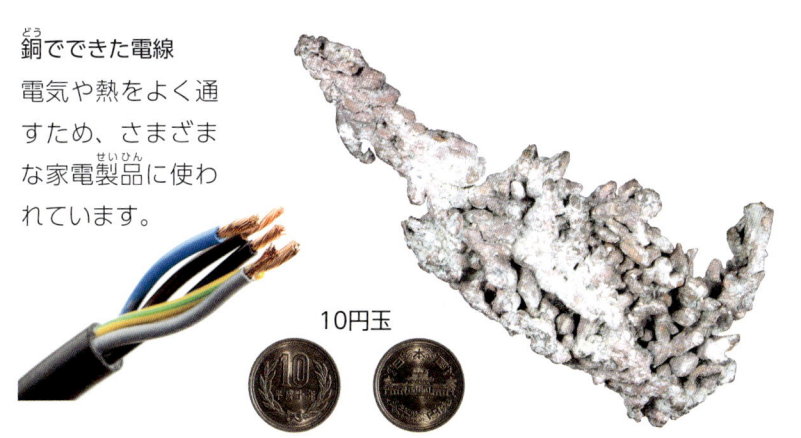

黄銅鉱［カルコパイライト］

標本の産地：秋田県大仙市荒川鉱山

銅と鉄と硫黄からなる銅の主要な鉱石で、熱水鉱脈鉱床や接触交代鉱床（→p.42）などで見つかります。黄鉄鉱（→p.21）によく似ていますが、色がこく、結晶が少ないのが特ちょうです。

💠 3 ½〜4 💠 4.3 💠 CuFeS₂ 💠 なし
💠 正方晶系 💠 真鍮 💠 緑黒 💠 金属

🆎 MEMO

露天ぼりで行われる金の採掘

金は、現在もさまざまな手段で採掘が行われています。写真のスーパーピット鉱山（オーストラリア）は、地面に長さ3.5km、幅1.5km、深さ600m以上の巨大な穴をあけ、大量の鉱石を巨大なダンプトラックで運びだす露天ぼり鉱山です。岩石1t当たり数gの金がとれれば、金鉱床の経営がなりたちますが、金の価格は、いろいろな条件で変化します。

【くらしに役立つ鉱物】

方鉛鉱 ［ガレナ］

標本の産地：ブルガリア

鉛を約87％ふくむ鉱物で、熱水鉱脈鉱床や接触交代鉱床（→p.42）などで見つかります。結晶面は銀白色に輝きますが、時間が経つとさびて光沢がなくなります。鉛は蓄電池などに使用されますが、中毒の危険があるため身の回りで使われることは減りました。

🔶 2 ½ 🔷 7.6 🟢 PbS 🔴 3方向に完全 🔷 立方晶系 🔴 鉛灰 🔷 鉛灰 🟠 金属

菱苦土石 ［マグネサイト］

標本の産地：ブラジル

方解石（→p.24）のなかまで、マグネシウムをふくむ鉱物です。マグネシウムの原料となるほか、便秘薬や歯みがき粉、インク、耐火材料などに利用されています。ひし形に結晶しますが、多くは塊（かたまり）状で見つかります。

🔶 3 ½～4 ½ 🔷 3.0 🟢 MgCO$_3$ 🔴 3方向に完全
🔷 三方晶系 🔴 無色、白 🔷 白 🟠 ガラス

歯みがき粉

ギブス石 ［ギブサイト］

標本の産地：鳥取県倉吉市

水酸化アルミニウムからなる鉱物で、アルミニウム鉱石であるボーキサイトの主な成分です。金属のなかでも軽くてやわらかいアルミニウムは、アルミはくやアルミ缶、鍋などの日用品などに使われます。

🔶 2 ½～3 ½ 🔷 2.4 🟢 Al(OH)$_3$ 🔴 1方向に完全
🔷 単斜晶系 🔴 白 🔷 白 🟠 ガラス、真珠

アルミ缶

アルミニウムは、鉄の次によく使われている金属です。

赤鉄鉱 ［ヘマタイト］

標本の産地：福島県郡山市銚子ヶ滝

鉄を70％以上ふくむ鉱物で、「べんがら」という赤色の顔料にも使われます。火成岩（→p.40）や堆積岩（→p.41）中や接触交代鉱床などで見つかります。標本写真のように結晶面が黒く、光沢が強いものを「鏡鉄鉱」、鱗片（ウロコ）状の結晶が並んでいるものを「雲母鉄鉱」と呼び、ほかに細かい結晶からできた腎臓という臓器や魚卵のような形のかたまりがあります。

🔶 5～6 🔷 5.3 🟢 Fe$_2$O$_3$ 🔴 なし 🔷 三方晶系 🔴 赤、黒
🔷 赤～赤褐 🟠 金属、土状※

モナズ石 [モナザイト]

標本の産地：福島県石川町

セリウムなどのレアアースが主成分の鉱物で、ペグマタイト鉱床（→p.43）で見られます。トリウムやウランをふくむものは、放射線を出すことがあります。セリウムは、紫外線を遮断する性質からサングラスや化粧品に使われるほか、ガラスや電子部品の研磨剤、ライターの着火剤などに使われています。

- 💎 5　💎 5.1
- 🔬 $CePO_4$
- 🔶 1方向に明瞭
- 🔷 単斜晶系
- 💎 黄〜赤褐、白、灰
- 💎 白〜淡褐
- 🌈 ガラス〜樹脂

サングラス

重晶石 [バライト]

標本の産地：北海道上ノ国町勝山鉱山

硫酸バリウムの原料となる鉱石です。熱水鉱脈鉱床で板状や柱状などの結晶が見つかるほか、砂漠の地下で花びら状になった「砂漠のバラ」もあります。胃酸に溶けない硫酸バリウムを胃のレントゲン撮影に利用したり、炎色反応を利用して緑色の花火に使われたりします。

- 💎 2½〜3½　💎 4.5　🔬 $BaSO_4$　🔶 3方向に完全
- 🔷 直方晶系　💎 白、無色、淡黄、淡青など　💎 白　🌈 ガラス

クロム鉄鉱 [クロマイト]

標本の産地：群馬県藤岡市鬼石

クロムの原料となる鉱物で、マグネシウムをふくむこともあります。蛇紋岩やペリドット岩（かんらん岩）（→p.41）の中から塊状で見つかります。銀白色でさびにくいクロムは金属の表面をおおう「めっき」に使われたり、鉄とクロムの合金である「ステンレス鋼」が、台所の流し台などに利用されます。

- 💎 5½〜6　💎 4.8〜5.1　🔬 $FeCr_2O_4$　🔶 なし
- 🔷 立方晶系　💎 黒　💎 黒褐　🌈 金属

ステンレス製の流し台
鋼鉄にクロムやニッケルをまぜたステンレスは、さびない合金として、流し台や包丁、電車の車体などに使われています。

MEMO

レアメタル、レアアースとは？

産業にとって重要だが、限られた場所でしかとれなかったり、少量しかとれなかったりする金属元素を「レアメタル」と呼びます。クロム、ニッケル、バリウム、マンガンなどがレアメタルにふくまれます。レアアースは、レアメタルの一種で、希土類元素とも呼ばれます。セリウム、ネオジムなど17種あります（→p.38）。

※土状（光沢）…表面が粗いつぶになっていて、光をあまり反射しない状態です。

【くらしに役立つ鉱物】

苦灰石 [ドロマイト]

標本の産地：愛知県豊橋市照山

主にカルシウムとマグネシウムをふくむ鉱物。熱水鉱脈鉱床や接触交代鉱床（→p.42）などで見つかります。セメントや陶磁器の原料などに使われています。鉄分がまじると標本写真のように黄褐や緑になります。

- 💠 3 ½～4 💎 2.9 🟢 $CaMg(CO_3)_2$
- 💠 3方向に完全 🟣 三方晶系
- 🔴 無色、白、灰、黄、緑、褐 💠 白 🟡 ガラス

カオリン石 [カオリナイト]

標本の産地：栃木県宇都宮市羽黒

陶磁器の原料になる粘土鉱物。酸化アルミニウム・ケイ酸と水分からなり、堆積岩（→p.41）中などから土状で見つかることが多いです。水を吸収させると、自由に変形できます。化粧品や農薬などにも利用されています。

- 💠 2～2 ½ 💎 2.6 🟢 $Al_2Si_2O_5(OH)_4$
- 💠 1方向に完全 🟣 三斜晶系
- 🔴 白 💠 白 🟡 真珠～土状

陶磁器

粘土状のカオリン石を成形し、それを高温のかまで焼くことにより陶磁器はつくられます。

燐灰石 [アパタイト]

標本の産地：モロッコ

燐の原料となる鉱物で、主成分によって「フッ素燐灰石」、「塩素燐灰石」、「水酸燐灰石」に分かれます。フッ素燐灰石は肥料などに、水酸燐灰石は人工歯や人工骨などの原料に利用されています。また、不純物がまじると緑や黄、青などの色が入ります。

- 💠 5 💎 3.1～3.2 🟣 なし
- 🟢 $Ca_5(PO_4)_3(F,Cl,OH)$
- 🟣 六方晶系
- 🔴 無色、白、緑、青、黄など
- 💠 白 🟡 ガラス

石膏 [ジプサム]

標本の産地：山梨県身延町夜子沢

黒板に字を書くチョークや、美術室によくある石膏像などの原料になる鉱物です。塩湖や温泉の沈殿物や熱水鉱脈鉱床など、さまざまな場所で見つかります。無色透明の純粋な結晶「透石膏」、繊維状の結晶が平行に並んだ「繊維石膏」、粒状の結晶が集まった「雪花石膏」があります。建材やセメントの原料にも使われています。

- 💠 2 💎 2.3 🟢 $CaSO_4・2H_2O$
- 💠 1方向に完全 🟣 単斜晶系
- 🔴 無色、白、褐、灰、赤など
- 💠 白 🟡 ガラス～真珠

チョーク

🔴 硬度 💎 比重 🟢 化学組成 🟣 へき開 💠 結晶系 🔴 色 💠 条こん 🟡 光沢

自然硫黄（硫黄）[サルファー]

標本の産地：群馬県嬬恋村万座温泉

火山の多い日本では、火山噴気孔や温泉の沈殿物などで見つかる非金属鉱物です。空気中で熱すると燃えて、特有の匂いを出します。硫酸やマッチ、ゴムなどの原料のほか、農薬や医薬品にも使われています。

💎 1 ½〜2 ½ 💎 2.1 💎 S 💎 なし 💎 直方晶系
💎 黄〜褐 💎 白 💎 樹脂、脂肪

輪ゴム

石墨 [グラファイト]

標本の産地：富山県富山市

鉛筆の芯に使われる炭素の鉱物です。堆積岩や変成岩（→p.41）などから見つかります。とてもやわらかいため、指でなぞるだけで、指が黒くなります。電気をよく通すため、電池や電極などにも使われています。

💎 1〜1 ½ 💎 2.2 💎 C 💎 1方向に完全
💎 六方晶系、三方晶系 💎 黒 💎 黒 💎 金属、土状

葉ろう石 [パイロフィライト]

標本の産地：アメリカ・カリフォルニア州

主成分はアルミニウムで、とてもやわらかいため石彫品や印鑑の材料に使われるほか、燃えにくいため耐火レンガの材料にも利用されます。標本写真のように、葉片状と繊維状の結晶が集まった形が特ちょうです。

💎 1〜2 💎 2.8 💎 $Al_2Si_4O_{10}(OH)_2$
💎 1方向に完全 💎 単斜晶系、三斜晶系
💎 白、淡緑 💎 白 💎 真珠、脂肪、土状

カリ長石 [ポタッシックフェルスパー]

標本の産地：大阪府能勢町長谷

宝石のムーンストーンやアマゾナイトになるものや、セラミックの原料になるものがあります。
長石のなかでカリウムをふくんでいる「正長石」、「玻璃長石」、「微斜長石」の3種類の鉱物のことで、それぞれ原子の並び方が違います。

💎 6 💎 2.6 💎 $KAlSi_3O_8$ 💎 2方向に完全
💎 単斜晶系、三斜晶系
💎 無色、白、灰、ピンクなど
💎 白 💎 ガラス

MEMO

石炭は植物の化石！

燃料資源のひとつに石炭があります。石炭も鉱物の一種ですが、数億年前の植物が地中に埋もれて、分解されないまま長い時を経て、化石となったものです。

きれいな色の鉱物

鉱物のなかには、色をもったきれいな鉱物がたくさんあります。赤や青などのあざやかな色もあれば、ピンクや水色などのやさしい色もあり、自然がつくり出した美しい色彩を楽しめます。また、色をもつ鉱物は、古くから顔料に利用されてきたものもあります。

鶏冠石 ［リアルガー］※

標本の産地：三重県多気町丹生鉱山

名前の通り、ニワトリのとさかを思わせる、あざやかな赤が特ちょう的なヒ素の硫化鉱物（→p.37）です。光と湿気に弱く、光に当てておくと黄に変色します。熱水鉱脈鉱床（→p.42）や火山噴気孔などでつくられます。

🔶 1 ½〜2　🔷 3.6　💎 As₄S₄　💠 1方向に明瞭
🔶 単斜晶系　🔷 赤、橙　💎 橙　🔶 樹脂〜脂肪

辰砂 ［シナバー］

標本の産地：北海道置戸町紅ノ沢

古代から赤の顔料として使われてきた、水銀の鉱石です。日本では、絵の具のほか、神社の鳥居などにぬる朱色の原料に利用されてきました。

🔶 2〜2 ½　🔷 8.2　💎 HgS　💠 3方向に明瞭
🔶 三方晶系　🔷 深紅、赤褐　💎 赤　🔶 ダイヤモンド

菱マンガン鉱 ［ロードクロサイト］

標本の産地：秋田県鹿角市尾去沢鉱山

ギリシャ語で「ロード」は「バラ」の意味で、美しいバラ色をしたマンガン鉱石です。良質な結晶は「インカローズ」という宝石になります。湿気の多い場所に置くと黒く変色します。

🔶 3 ½〜4　🔷 3.7　💎 MnCO₃　💠 3方向に完全
🔶 三方晶系　🔷 ピンク、赤　💎 白　🔶 ガラス〜真珠

　🔶 硬度　🔷 比重　💎 化学組成　💠 へき開　🔶 結晶系　🔷 色　💎 条こん　🔶 光沢

オリーブ石 (かんらん石) [オリビン]

標本の産地：アフガニスタン

オリーブの実のような緑色をしたケイ酸塩鉱物 (→p.37) です。隕石にふくまれていることもあり、古代エジプトでは「太陽の石」として大切にあつかわれました。燃えにくい性質から耐火材の原料にも使われています。

🔶 6 ½〜7 💎 3.2〜3.8 🔷 $(Mg, Fe)_2SiO_4$ 🔻 なし 🔶 直方晶系

🔶 深緑〜黄緑、黒 💧 白 🔶 ガラス

緑れん石 [エピドート]

標本の産地：パキスタン

透明感があり、すだれのように見える柱状結晶が特ちょうのケイ酸塩鉱物。似た結晶をもつ「紅れん石」、「単斜灰れん石」などとあわせて、緑れん石グループと呼ばれます。

🔶 6 ½ 💎 3.4〜3.5

🔷 $Ca_2Fe^{3+}Al_2(Si_2O_7)(SiO_4)O(OH)$ 🔻 1方向に完全

🔶 単斜晶系 🔻 黄緑、緑、黒 💧 灰 🔶 ガラス

金緑石 [クリソベリル]

標本の産地：ブラジル

レアメタルのベリリウムをふくむ鉱物。透明で黄緑のものは宝石にもなり、猫の目のように白く筋が入ったものを「クリソベリル・キャッツアイ」、光の種類によって色が変化するものを「アレキサンドライト」といいます。

🔶 8 ½ 💎 3.8 🔷 $BeAl_2O_4$ 🔻 2方向に明瞭

🔶 直方晶系 🔻 黄緑〜緑 💧 白 🔶 ガラス

くじゃく石 [マラカイト]

標本の産地：コンゴ

黄銅鉱が鉱床酸化帯 (→p.42) で変化した鉱物。あざやかな青緑が美しく、エジプトの女王・クレオパトラもアイシャドーに使っていました。顔料やうわぐすりなどに利用されるほか、宝石としても人気です。

🔶 3 ½〜4 💎 4.0 🔷 $Cu_2(CO_3)(OH)_2$ 🔻 1方向に完全

🔶 単斜晶系 🔻 緑 💧 緑 🔶 ダイヤモンド〜絹糸

※鶏冠石は有毒なヒ素をふくみますが、水にとけないため直接ふれても危険はありません。
ただし、加熱したり、口に入れたりしないよう注意しましょう。

【きれいな色の鉱物】

藍銅鉱 [アズライト]

標本の産地：静岡県下田市河津鉱山

銅をふくむ鉱物が鉱床酸化帯（→p.42）で変化した炭酸塩鉱物（→p.37）です。美しい青は、主に群青色の顔料として使われます。長い時間をかけて、水分をふくみ炭酸がぬけると、くじゃく石に変わることがあります。

🔶 3 ½〜4　💎 3.8　🟢 $Cu_3(CO_3)_2(OH)_2$

💎 1方向に完全　💎 単斜晶系　🔷 青　🔷 青　🟡 ガラス

斑銅鉱 [ボーナイト]

標本の産地：兵庫県猪名川町多田鉱山

銅の原料となる鉱物です。割れたばかりの結晶面は赤銅色ですが、空気にふれると光沢のある青や紫に変わります。光の当て方で虹色に輝くことから「ピーコック・オア（孔雀鉱石）」とも呼ばれます。

🔶 3　💎 5.1　🟢 Cu_5FeS_4　💎 直方晶系　💎 なし

💎 赤銅　🔷 黒灰　🟡 金属

杉石 [スギライト]

標本の産地：南アフリカ

愛媛県の岩城島で発見された淡い黄褐色の鉱物ですが、南アフリカ産のものはマンガンをふくむため、明るい紫色になります。透明度が高いものは「インペリアル・スギライト」という宝石になります。

🔶 5 ½〜6 ½　💎 2.7〜2.8　🟢 $KNa_2(Fe,Mn,Al)_2Li_3Si_{12}O_{30}$

💎 なし　💎 六方晶系　🔷 黄緑、紫　💎 白　🟡 ガラス

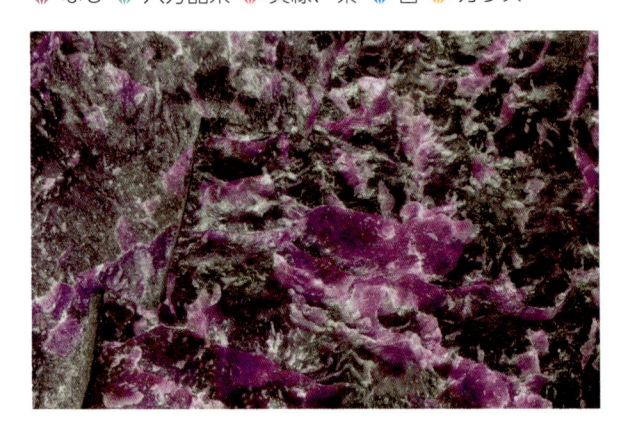

石黄 [オーピメント] ※

標本の産地：青森県むつ市恐山

発色のいい黄色が魅力で、顔料に使われていました。ヒ素の硫化鉱物（→p.37）で、よく鶏冠石（→p.16）と同じ場所で見つかります。へき開面は薄くはがれ、やわらかいのが特ちょうです。

🔶 1 ½〜2　💎 3.5　🟢 As_2S_3　💎 1方向に完全

💎 単斜晶系　🔷 黄、橙　🔷 黄　🟡 樹脂

🔶 硬度　💎 比重　🟢 化学組成　💎 へき開　💎 結晶系　🔷 色　💎 条こん　🟡 光沢

石英（水晶）［クオーツ］

標本の産地：ブラジル

たくさん採掘できる鉱物で、ガラスの原料に使われています。なかでも透明度が高く、結晶が見られるものは「水晶」と呼び、宝石や宝飾品になります。結晶が成長するときに、ケイ酸以外のもの（不純物）がまじると、さまざまな色になります。

💎 7 💎 2.7 💎 SiO₂ 💎 なし 💎 三方晶系

💎 無色〜白、黄、ピンク、緑など 💎 白 💎 ガラス

日本式双晶

標本の産地：長崎県五島市奈留島

双晶とは、2つ以上の結晶が決まった角度でつながっているもの。日本ではよくハート型（約85度）につながった双晶が見つかるため、「日本式双晶」と呼ばれています。

針入り水晶

標本の産地：ブラジル

結晶が成長するときに、針のように細い結晶を包みこんでできた水晶のこと。標本写真の針状結晶は、チタンをふくむ鉱物のルチルです。

紅石英［ローズ・クォーツ］

標本の産地：福島県いわき市三和

チタン、アルミニウムなどがわずかに入ると、ピンク色になるといわれています。

玉髄［カルセドニー］

標本の産地：新潟県阿賀町楢山

石英のなかでも、肉眼では確認できないほど小さな結晶が集まって塊になったものは「玉髄」と呼びます。しまもようが入ったものは「瑪瑙［アゲート］」、不透明なものは「碧玉［ジャスパー］」と呼ばれています。

紫水晶［アメシスト］

標本の産地：宮城県白石市雨塚山

わずかに鉄が入ると紫色になり、宝石としても人気。加熱すると黄色に変色するため、人工の黄水晶［シトリン］になります。

※有毒なヒ素をふくみますが、水にとけないため直接ふれても危険はありません。ただし、加熱したり、口に入れたりしないこと。

不思議な形をした鉱物

鉱物はとても長い時間をかけて結晶を成長させていきます。環境によってさまざまな形になる鉱物は、まさに自然がつくる芸術品です。なかには、「人が作ったのでは？」と思えるような整った形のものもあります。ここでは厳選した不思議な形の鉱物を紹介します。

ブーランジェ鉱 [ブーランジェライト]

標本の産地：埼玉県秩父市秩父鉱山

髪の毛のように細い結晶が集合した硫化鉱物（→p.37）です。黄銅鉱（→p.11）や方鉛鉱（→p.12）と一緒に見つかります。

- 2 ½〜 3
- 6.0 〜 6.3
- $Pb_5Sb_4S_{11}$
- 1方向に明瞭
- 単斜晶系
- 鉛灰
- 褐〜褐灰
- 金属

モルデン沸石 [モルデナイト]

標本の産地：岩手県八幡平市赤坂田

熱すると水蒸気を出す沸石のなかまです。毛状の結晶が集まり、綿のように見えるのが特ちょうです。

- 4 〜 5
- 2.1
- $(Na_2,Ca,K_2)_4Al_8Si_{40}O_{96}・28H_2O$
- 1方向に完全、1方向に明瞭
- 直方晶系
- 無色〜白、淡ピンク、黄、赤など
- 白
- ガラス〜絹糸

リチア雲母 [レピドライト]

標本の産地：マダガスカル

魚のウロコのような結晶から「鱗雲母」とも呼ばれます。リチウムをふくみ、ペグマタイト鉱床（→p.43）中に産出します。

- 2½〜3½
- 2.8〜2.9
- $K(Li,Al)_3[(Si,Al)_4O_{10}](F,OH)_2$
- 1方向に完全
- 単斜晶系
- 灰〜ピンク〜紫
- 白
- 真珠

輝安鉱 [スティブナイト]

標本の産地：兵庫県中瀬鉱山

日本刀のような柱状の結晶が特ちょうですが、つめでキズがつくほどやわらかい鉱物です。レアメタル（→p.13）のアンチモンの鉱石になります。

- 2
- 4.6
- Sb_2S_3
- 1方向に完全
- 直方晶系
- 鉛灰〜銅灰
- 鉛灰
- 金属

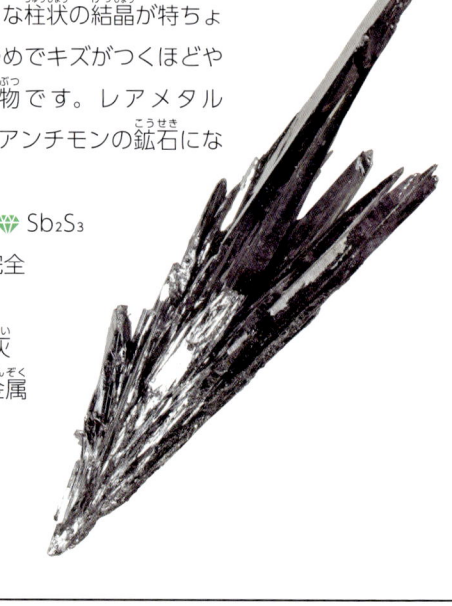

硬度　比重　化学組成　へき開　結晶系　色　条こん　光沢

黄鉄鉱 [パイライト]

標本の産地：岩手県北上市和賀仙人鉱山

硫黄と鉄からなる硫化鉱物です。まるで人が切り出したかのような、美しい立方体をはじめ、五角十二面体、円板状などの結晶が見られます。金属をみがいたような光沢も天然のものです。

- 🔴 6 ～ 6 ½ 🔷 5.0
- 🟢 FeS_2 🟣 なし
- 🔷 立方晶系
- 🔺 金、黄 🔷 黒
- 🟠 金属

ぶどう石 [プレーナイト]

標本の産地：マリ

ぶどうのような結晶の形から名づけられました。本来は無色ですが、アルミニウムの一部が鉄に置き換わると、マスカットグリーンになります。

- 🔴 6 ～ 6 ½ 🔷 2.9
- 🟢 $Ca_2Al(AlSi_3O_{10})(OH)_2$
- 🟣 1方向に完全
- 🔷 直方晶系、単斜晶系
- 🔺 無色～淡緑
- 🔷 白
- 🟠 ガラス～真珠

鉄のバラ／赤鉄鉱
[アイアン・ローズ]

標本の産地：北海道羅臼町、斜里町知床硫黄山

赤鉄鉱（→p.12）の一種です。板状の結晶がらせん状に集まって、バラの花びらのように見えます。

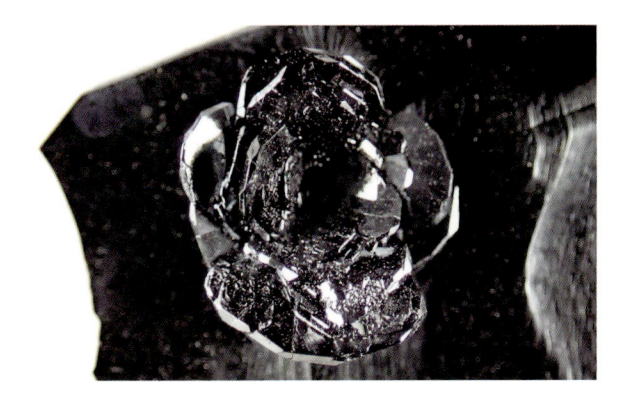

桜石／菫青石の仮晶 ※

標本の産地：京都府亀岡市ひえ田野（写真は指定地外のもの）

菫青石（→p.25）の六角柱状の結晶が、白雲母（→p.22）などに仮晶したもので、割ると断面が桜の花に見えることから名づけられました。

十字石 [スタウロライト]

標本の産地：ロシア・コラ半島

2つの角柱状の結晶が双晶（→p.19）して直角に交わり、十字型になる鉱物で、変成岩（→p.41）中に見つかります。日本では直角に交わっていない、X字型のものが多く産出されます。

- 🔴 7 ～ 7 ½ 🔷 3.7 ～ 3.8 🟢 $Fe_2Al_9Si_4O_{23}(OH)$
- 🟣 1方向に明瞭 🔷 単斜晶系 🔺 褐、赤褐 🔷 灰 🟠 ガラス

※仮晶／鉱物の結晶の外形は変わらずに、成分だけが別の鉱物に置き換わる現象。

めずらしい性質をもつ鉱物

鉱物は色や形だけでなく、性質もさまざま。環境によって色が変わるもの、磁石を引きよせるもの、糸のように布状に織れるものなど、めずらしい性質をもつ鉱物があります。このような特性は、鉱物の種類を見極めるのに役立ちます。

白雲母 [マスコバイト]

標本の産地：福島県郡山市愛宕山

雲母のなかまは、結晶を薄くはがせることから、「千枚はがし」とも呼ばれます。熱や電気を通しにくく、絶縁体などに使われます。白雲母が微細な粉状になった「絹雲母」は、塗るとなめらかに伸びてさわり心地がよいので化粧品にも使われています。

- ❤️ 2 ½ 〜 3 ½　💎 2.8　🟢 $KAl_2(AlSi_3O_{10})(OH)_2$
- 🔷 1方向に完全　💠 単斜晶系
- ❤️ 無色〜白、淡緑、淡ピンクなど
- 🔷 白　🔶 ガラス〜真珠

金雲母 [フロゴパイト]

標本の産地：マダガスカル

結晶を薄くはがすことができ、はがした面は金色のような輝きを放ちます。雲母類でもっとも火に強いのも特ちょうです。

- ❤️ 2 〜 3　💎 2.8 〜 3.1　🟢 $KMg_3(AlSi_3O_{10})(OH)_2$
- 🔷 1方向に完全　💠 単斜晶系　❤️ 黄、褐　🔷 白
- 🔶 真珠、亜金属※

蛭石（加水黒雲母）

[ハイドロバイオタイト]

標本の産地：岩手県岩泉町乙茂

黒雲母が雨や風によって変質した鉱物です。とてもやわらかく、加熱すると膨張して生きもののヒルのように伸びます。

- ❤️ 1 ½ 〜 2　💎 2.3 〜 2.7
- 🟢 $K(Mg,Fe)_6(Si,Al)_8O_{20}(OH)_4 \cdot nH_2O$
- 🔷 1方向に完全　💠 単斜晶系　❤️ 灰白〜黄褐、緑灰
- 🔷 うす緑　🔶 ガラス、土状

❤️ 硬度　💎 比重　🟢 化学組成　🔷 へき開　💠 結晶系　❤️ 色　🔷 条こん　🔶 光沢

氷晶石 [クリオライト]

標本の産地：デンマーク・グリーンランド

18世紀にグリーンランドで発見された鉱物です。透明度の高い結晶は、水中では見えなくなります。発見当初は、「とけない氷」だと思われていました。日本では未発見。

💎 2 ½ 💎 3.0 💎 Na_3AlF_6 💎 なし 💎 単斜晶系
💎 無色〜白 💎 白 💎 ガラス

石綿 [アスベスト] ／

蛇紋石 [サーペンティン]

標本の産地：北海道富良野市山部鉱山

蛇紋石の細くしなやかな繊維状の鉱物を「石綿」と呼びます。ほぐして織ることができ、火や熱にも強いため不燃布製品や建築材などに使われてきましたが、健康を害することがわかり、現在は使用を禁じています。

💎 2 ½ 〜 3 ½ 💎 2.6 💎 $Mg_3Si_2O_5(OH)_4$
💎 1方向に完全 💎 単斜晶系、直方晶系
💎 白、緑、淡緑 💎 白 💎 ガラス

方沸石 [アナルサイム]

標本の産地：新潟県新潟市間瀬

沸石 [ゼオライト] 類は、加熱すると沸とうしているかのようにブクブクと泡を出し、結晶中の水が蒸発します。方沸石には、加熱すると静電気を帯びる性質もあります。結晶は二十四面体が多いです。

💎 5 〜 5 ½ 💎 2.3 💎 $NaAlSi_2O_6 \cdot H_2O$ 💎 なし
💎 立方晶系など 💎 無色、白、淡黄、淡青など
💎 白 💎 ガラス

鉄電気石 [ショール]

標本の産地：アフガニスタン

電気石類は、摩擦や加熱をすると静電気を帯びる性質があり、ホコリや糸くずなどを引きよせます。また、柱状の結晶の上と下で形状が異なります。

💎 7 〜 7 ½ 💎 3.2 〜 3.3
💎 $NaFe_3^{2+}Al_6(BO_3)_3Si_6O_{18}(OH)_4$
💎 なし
💎 三方晶系
💎 黒〜暗褐
💎 灰〜青白
💎 ガラス

【めずらしい性質をもつ鉱物】

ウレックス石 [ユーレクサイト]

標本の産地：アメリカ・カリフォルニア州

文字を書いた紙の上に石をのせると、文字が石の表面に浮かび上がって見える性質があるため「テレビ石」とも呼ばれています。表面をみがくと、文字がよりはっきり見えるようになります。

文字が見えるのは、光を通す繊維状の結晶が平行に並んでいるためです。

🔴 2 ½ 🔷 2.0 💠 $NaCaB_5O_6(OH)_6 \cdot 5H_2O$
🔴 1方向に完全 🟢 三斜晶系 🔴 無色、白
🔷 白 💠 ガラス、絹糸

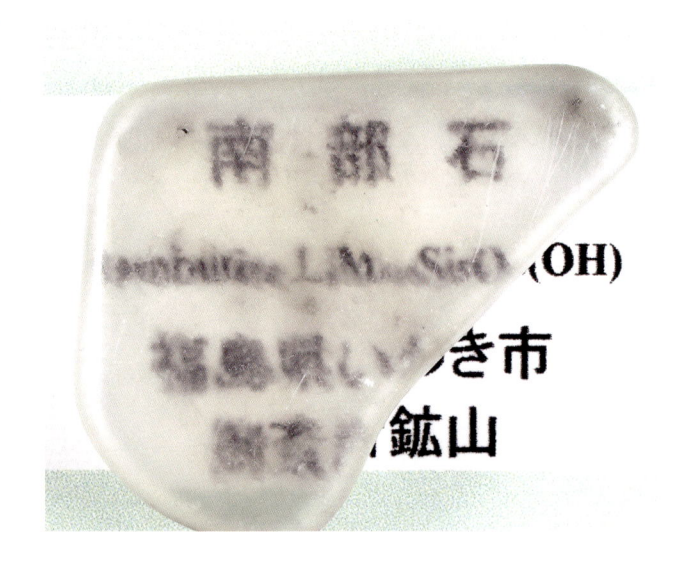

方解石 [カルサイト]

標本の産地：メキシコ

透明な結晶に、通過する光を二方向に分ける「複屈折」という性質があり、線などを二重に見せます。また、鉄やマンガンなどをふくむと色が変わり、紫外線に当てると蛍光を出すものもあります。

🔴 3 🔷 2.7 💠 $CaCO_3$ 🔴 3方向に完全 🟢 三方晶系
🔴 無色〜白、灰、黄、ピンクなど 🔷 白 💠 ガラス

岩塩 [ハライト]

標本の産地：パキスタン

食塩の原料となる、食べられる鉱物です。本来は無色透明ですが、不純物をふくむと、さまざまな色に変わります。湿気のある場所では、とけてしまうので保管には注意が必要です。

🔴 2 🔷 2.2 💠 $NaCl$ 🔴 3方向に完全 🟢 立方晶系
🔴 無色〜白、青、橙など 🔷 白 💠 ガラス、真珠

❤️ 硬度 🔷 比重 💚 化学組成 🔴 へき開 🟢 結晶系 🔴 色 🔷 条こん 🟡 光沢

磁鉄鉱 ［マグネタイト］

標本の産地：長崎県西海市西彼町鳥加郷

磁性をもつ鉄の鉱物です。落雷などの影響で、鉄を引きよせるほどの、強い磁性をもつものは「天然磁石」と呼ばれます。また、磁鉄鉱が雨や風などの影響で砂状になったものが「砂鉄」です。

💠 5 ½〜6 💎 5.2 💠 $Fe^{2+}Fe^{3+}_2O_4$ 💠 なし 💠 立方晶系 💠 黒 💠 黒 💠 金属

曹灰長石 ［ラブラドライト］

標本の産地：フィンランド

長石（→p.30）のなかまで、曹長石と灰長石の成分がとけあった鉱物です。本来、曹灰長石は白や灰色ですが、異なる2つの層が重なりあって、表面が虹色に輝くことがあり、光の当たる角度の変化で、さまざまな色に変化します。

💠 6〜6 ½ 💎 2.7 💠 $(Ca,Na)(Si,Al)_4O_8$
💠 2方向に完全 💠 三斜晶系 💠 虹色、白など
💠 白 💠 ガラス

董青石 ［コーディエライト］

標本の産地：インド

すみれのような青色が美しい鉱物ですが、見る方向を90度変えると、黄緑色に見える性質（多色性）があります。透明なものは宝石としても人気で、「アイオライト」と呼ばれます。

💠 7〜7 ½ 💎 2.5〜2.7 💠 $(Mg,Fe)_2Al_3(Si_5Al)O_{18}$
💠 なし 💠 直方晶系 💠 青〜青緑、灰、すみれ色など
💠 白 💠 ガラス

ネオジムランタン石
［ランタナイト・ネオジム］

標本の産地：佐賀県玄海町日出松

板状の結晶が集まる炭酸塩鉱物（→p.37）で、光の種類によって色が変わります。太陽光の下では淡いピンク色に、蛍光灯の下では少し緑色味がある白色に見えます。

💠 2 ½〜3 💎 2.8 💠 $(Nd,La)_2(CO_3)_3・8H_2O$
💠 1方向に完全 💠 直方晶系 💠 ピンク 💠 白
💠 ガラス〜真珠

太陽光

蛍光灯

紫外線で光る鉱物

暗い場所で紫外線を当てると光を発する鉱物があります。この性質を「蛍光」といいます。ここでは蛍光を発する鉱物をまとめて紹介します。

ほたる石 [フローライト]

標本の産地：岐阜県関市平岩鉱山

「蛍光」が最初に発見された鉱物ですが、すべてのほたる石が光るわけではありません。フッ素の原料や光学レンズに使われます。また、きれいな八面体に割ることができます。加熱でも光ります。※

💠 4 💠 3.2 💠 CaF_2 💠 4方向に完全 💠 立方晶系
💠 無色、紫、ピンク、緑など 💠 白 💠 ガラス

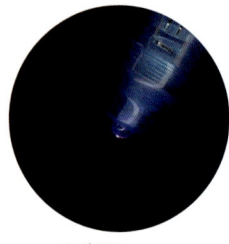

紫外線を出すライト

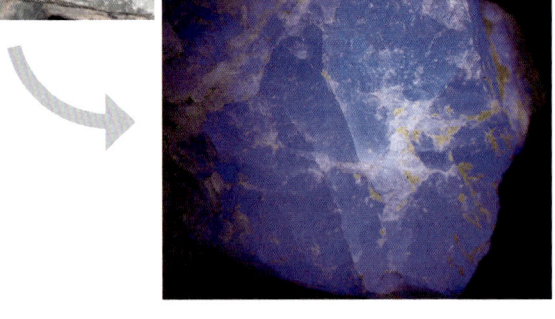

燐灰ウラン石 [オーチュナイト]

標本の産地：岡山県鏡野町人形峠鉱山

ウランやカルシウムを多くふくむ鉱物。結晶は、黄色か黄緑色の四角い板状をしていて、紫外線を当てるとあざやかな黄緑色に光ります。微量の放射線を出すので、身のまわりに置かないよう注意が必要です。

💠 2 ～ 2 ½ 💠 3.1 💠 $Ca(UO_2)_2(PO_4)_2 \cdot 10 \sim 12H_2O$
💠 1方向に完全 💠 正方晶系 💠 黄～淡緑
💠 淡黄 💠 ガラス、真珠、土状

方解石 [カルサイト]

標本の産地：栃木県日光市野門鉱山

ふくまれている不純物の種類によって、青や紫、赤、ピンクなど、さまざまな色の蛍光を発します。

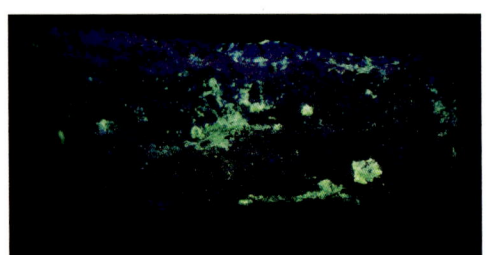

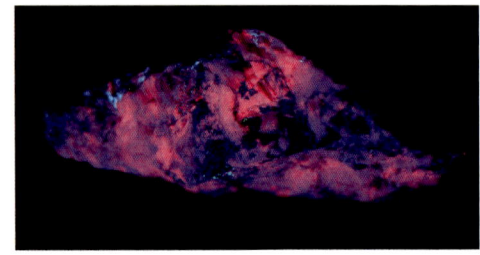

💠 硬度 💠 比重 💠 化学組成 💠 へき開 💠 結晶系 💠 色 💠 条こん 💠 光沢

珪亜鉛鉱 [ウィレマイト]

標本の産地：アメリカ・ニュージャージー州

亜鉛のほかに微量のマンガンをふくみ、緑色の蛍光を発します。ほかの鉱物よりも蛍光が強く、燐光も見られます。標本写真の蛍光している部分が珪亜鉛鉱で、ほかの部分はフランクリン鉄鉱と紅亜鉛鉱です。

- 5 ～ 5 ½　 4.1　 Zn_2SiO_4
- 3方向に不明瞭　 三方晶系
- 淡緑、無色　 白　 ガラス、樹脂

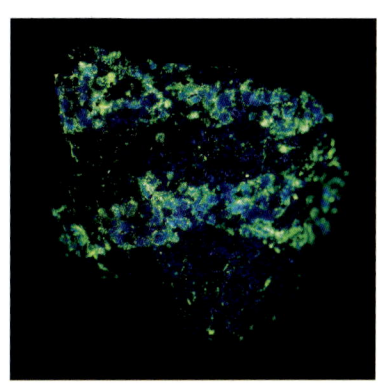

灰重石 [シーライト]

標本の産地：兵庫県養父市明延鉱山

タングステンをふくむ鉱物で、八面体の結晶が多く見られます。紫外線の下では青白い蛍光を発しますが、モリブデンの多いものは黄色に蛍光します。

- 4 ½ ～ 5　 6.1　 $CaWO_4$
- 4方向に明瞭　 正方晶系
- 無色～黄褐　 白
- ガラス～ダイヤモンド

方ソーダ石 [ソーダライト]

標本の産地：アフガニスタン

青色の石は蛍光しませんが、それ以外のものはオレンジ色の強い蛍光を発します。成分中の塩素の一部が硫黄に替わり、紫色になった鉱物は「ハックマン石」と呼ばれ、光が当たると色が消え、再び紫外線を当てると紫色に戻るという性質があります。

- 5 ½ ～ 6　 2.1 ～ 2.3
- $Na_8Al_6Si_6O_{24}Cl_2$　 なし　 立方晶系
- 無色、淡黄、青、ピンク、紫
- 白　 ガラス

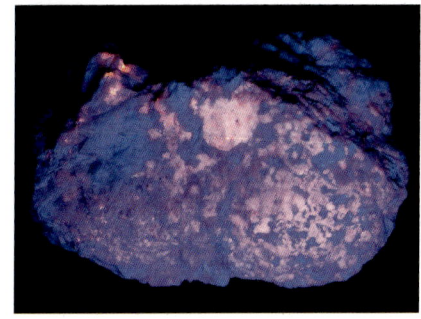

※ほたる石を熱すると、割れやすくなるので実験する際には注意が必要です。

きらびやかな宝石になる鉱物

鉱物のなかで特別に美しい輝きを放ち、硬くてキズがつきにくいものが「宝石」と呼ばれます。古くから富や権力の象徴として、多くの人から愛されてきた、宝石の原石となる鉱物を紹介します。

ダイヤモンド／金剛石［ダイヤモンド］

標本の産地：南アフリカ

鉱物のなかでいちばん硬い、炭素の元素鉱物で、結晶の外形は透明な正八面体です。工業用に用いられるほか、永遠の愛を象徴する宝石として人気です。地下のマントルで作られるダイヤモンドは、おもにキンバーライトという特殊な岩石の中から見つかります（→p.47）。

🔶 10 🔷 3.5 💎 C 🔶 4方向に完全 💠 立方晶系
🔶 無色、白、黄、ピンクなど 🔷 なし 💠 ダイヤモンド

カットされたダイヤモンド

ルビー、サファイア／鋼玉［コランダム］

標本の産地：ルビー：マダガスカル　サファイア：スリランカ

アルミニウムをふくむ酸化鉱物（→p.37）で、透明度が高いものが宝石になります。クロムをふくむ赤色のものが「ルビー」（濃いピンク〜赤）と呼ばれ、それ以外を「サファイア」と呼びます。

🔶 9 🔷 4.0 💎 Al_2O_3 🔶 なし 💠 三方晶系 🔷 白、赤、青 🔷 白 🔶 ガラス

ブルーサファイアの原石。鉄とチタンをふくむため青くなり、サファイアのなかでもいちばん価値が高い。

カットされたルビー

カットされたサファイア

ルビーの原石。赤色の濃いものが価値が高く、クロムの量が少ないとピンクサファイアになる。

エメラルド、アクアマリン／緑柱石（りょくちゅうせき）［ベリル］

カットされた
エメラルド

エメラルドの原石。クロムまたはバナジウムをふくむと、美しい濃い緑色になります。

標本の産地：エメラルド：コロンビア　アクアマリン：パキスタン

ベリリウムをふくむケイ酸塩鉱物（→p.37）で、六角柱状（ろっかくちゅうじょう）に結晶（けっしょう）します。微量（びりょう）の不純物（ふじゅんぶつ）によって色が変わり、さまざまな宝石（ほうせき）になります。濃い緑色なら「エメラルド」、淡（あわ）い水色は「アクアマリン」、濃い黄色なら「ヘリオドール」と呼（よ）ばれます。

💠 7 ½〜8　💎 2.6〜2.8　💚 Be₃Al₂Si₆O₁₈
💠 なし　💎 六方晶系（ろっぽうしょうけい）
💠 緑、青、黄、赤、無色
💎 なし　💠 ガラス

アクアマリンの原石。わずかに鉄がふくまれると淡（あわ）い水色になります。

カットされた
アクアマリン

トパーズ／黄玉（おうぎょく）［トパズ］

標本の産地：アメリカ・ユタ州（しゅう）

ケイ酸塩鉱物（さんえんこうぶつ）の一種で、透明（とうめい）なものは宝石（ほうせき）としてあつかわれます。鉄、マンガン、クロムなどの不純物（ふじゅんぶつ）により、黄色のほか、ピンク色や青色、淡（あわ）い褐色（かっしょく）などに変化します。また熱や放射線（ほうしゃせん）を当てると色が変わる性質（せいしつ）をもつため、変色加工をすることができます。

💠 8　💎 3.4〜3.6　💚 Al₂SiO₄(F,OH)₂　💠 1方向に完全
💎 直方晶系（ちょくほうしょうけい）　💠 無色、青、ピンク、黄など
💠 白　💠 ガラス

茶褐色（ちゃかっしょく）のトパーズ原石。トパーズは、日本でも産出します。

カットされた
トパーズ

🔷 MEMO

「日本の国石」ひすい

白色や緑色の宝石（ほうせき）ひすい（硬玉（こうぎょく））は、ほとんどひすい輝石（きせき）と、オンファス輝石の2つの鉱物（こうぶつ）からできています。縄文時代（じょうもんじだい）から古墳時代（こふんじだい）にかけての宝飾品（ほうしょくひん）が見つかっていて、新潟県（にいがたけん）糸魚川（いといがわ）・青海（おうみ）などから産出するため、「日本の国石」にも指定されています。ひすい輝石（きせき）の硬度は6 ½程度ですが、結晶（けっしょう）がちみつでひじょうに割（わ）れにくい鉱物（こうぶつ）です。

ひすい輝石（きせき）

💠 6〜7　💎 3.3　💚 NaAlSi₂O₆　💠 2方向に完全
💎 単斜晶系（たんしゃしょうけい）　💠 白、緑、ラベンダー色
💠 白　💠 ガラス

ひすいの原石

【きらびやかな宝石になる鉱物】

ガーネット／
鉄ばん石榴石 [アルマンディン]

標本の産地：茨城県桜川市山ノ尾

石榴石類のなかで産出量がいちばん多く、二十四面体や十二面体の結晶になりやすい鉱物です。赤色は鉄をふくんでいるためで、透明度が高く美しいものは宝石になります。

💠 7 ～ 7 ½　💎 3.9 ～ 4.2　⬡ $Fe_3Al_2(SiO_4)_3$　💠 なし
💎 立方晶系　💠 赤褐、黒褐　💎 白　💠 ガラス

カットされた
ガーネット

月長石 [ムーンストーン] ／
正長石 [オーソクレース]

標本の産地：スリランカ

カリウムをおもな成分とする長石のなかまです。正長石が曹長石と交互に重なり合って、月の光のように青白く輝くことから「ムーンストーン」と名づけられました。ただし別の鉱物にもムーンストーンと呼ばれるものがあります。

💠 6　💎 2.6　⬡ $KAlSi_3O_8$　💎 2方向に完全　💠 単斜晶系
💠 無色、白、灰、黄、緑　💎 白　💠 ガラス

カボションカット
のムーンストーン

クンツァイト／
リチア輝石 [スポジューメン]

標本の産地：アフガニスタン

リチウムをふくむ鉱物です。マンガンがまじるとピンク色になり「クンツァイト」と呼ばれ、宝石に用いられます。クロムをふくむ緑色のものは「ヒデナイト」と呼ばれます。

💠 6 ½ ～ 7　💎 3.0 ～ 3.2
⬡ $LiAlSi_2O_6$
💎 2方向に完全
💠 単斜晶系
💠 無色～白、
　　ピンク、緑など
💎 白　💠 ガラス

カットされた
クンツァイト

クンツァイトの原石。おもに長い
板状の結晶で見つかります。

瑪瑙 [アゲート]／石英 (玉髄)

標本の産地：茨城県常陸大宮市諸沢

玉髄のなかまで、縞模様があるものを「瑪瑙」と呼びます。縞の色や透明度が、異なっているもののほうが人気で、人工的に染色することも可能です。

球にカットされた
瑪瑙

💠 硬度　💎 比重　⬡ 化学組成　💠 へき開　💎 結晶系　💠 色　💎 条こん　💠 光沢

トルコ石 [ターコイズ]

標本の産地：アメリカ・アリゾナ州

「ターコイズブルー」という鮮やかな青色が美しく、古くから宝石としてあつかわれていました。トルコ産ではなく、ペルシャで採掘されたものがトルコを経由してヨーロッパに運ばれたために「トルコ石」と呼ばれています。

💎 5〜6 💎 2.6〜2.8 💎 $CuAl_6(PO_4)_4(OH)_8·4H_2O$

💎 1方向に明瞭 💎 三斜晶系 💎 青、青緑

💎 白〜淡緑 💎 樹脂〜ガラス

カボションカット
のトルコ石

トルマリン／リチア電気石 [エルバアイト]

標本の産地：アメリカ・カリフォルニア州

おもな成分がリチウムの電気石の一種です。きれいなものは「トルマリン」と呼ばれ、宝石になります。また、内側がピンク色で外側が緑色というような、2色以上になるものもあります。

💎 7〜7½ 💎 2.9〜3.1

💎 $Na(Li,Al)_3Al_6(BO_3)_3Si_6O_{18}(OH)_4$ 💎 なし 💎 三方晶系

💎 緑、青、ピンク、赤、黄、褐など

💎 白 💎 ガラス

2色のトルマリン

ペリドット／オリーブ石

標本の産地：アメリカ・アリゾナ州

オリーブ石（かんらん石）の、美しく大粒の結晶は「ペリドット」という緑色の宝石になります（→p.17）。

カットされた
ペリドット

ジルコン／風信子石 [ジルコン]

標本の産地：ノルウエー

ジルコニウムの鉱物で、不純物をふくむと褐色〜赤褐色、灰色になり、加熱により無色、青、黄褐色などに変色加工ができます。無色透明なものはダイヤモンドの代用品に使われていました。

💎 6〜7½ 💎 4.0〜4.7

💎 $ZrSiO_4$ 💎 なし

💎 正方晶系

💎 無色、黄褐、赤、緑

💎 白

💎 ダイヤモンド

カットされた
ジルコン

MEMO

アンモライト

古生物のアンモナイトの殻が、鉱物におきかわったもので、真珠と同じ炭酸カルシウムの層があり、オパールのような虹色に輝くため、宝石としてあつかわれます。

標本の産地／カナダ

宝石を輝かせるカッティング

産出されたばかりの原石は、宝石としての輝きを放っていません。美しく輝かせるには、それぞれの原石の性質に合った方法でカッティングし、みがくことが大切です。

ダイヤモンドは、研磨用の円盤を用いてみがきます。非常に硬いダイヤモンドを削るには、ダイヤモンドの細かい粉末が使われます。

ダイヤモンドのカッティング
【ラウンドブリリアント】

ダイヤモンドが、いちばん美しく輝くように計算されているのが、58面体にカットするラウンドブリリアントです。

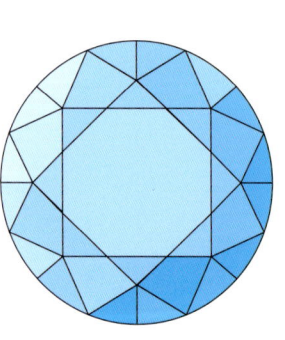

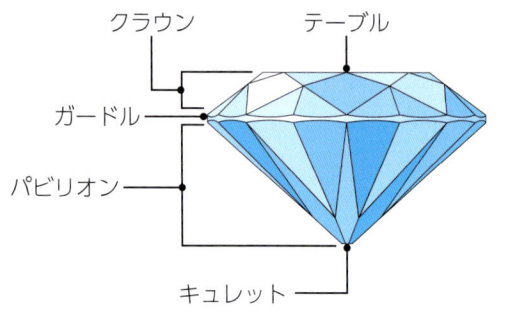

クラウン
テーブル
ガードル
パビリオン
キュレット

MEMO

いろいろな宝石

一般的に、原石をカッティングしてみがいた天然宝石がもっとも価値の高い宝石とされます。天然宝石に対して、染料や熱、放射線を加えて色を変化させたり、石をはり合わせて大きくするなどの加工をしたものは処理宝石と呼ばれます。天然宝石と同じ化学組成と結晶構造をもつ物質を、人工的につくったのが合成宝石です。天然宝石をまねてガラスやプラスチックでつくられたものが模造宝石で、天然石の削りくずをねりあわせて模造品をつくることもあります。天然には存在しない宝石を、人工的につくったものは、人造宝石といいます。

いろいろなカッティング【ファセットカット】

透明な原石をカットしていくつもの小さな面（ファセット）をつくり、光の屈折と反射を引き起こすものを、ファセットカットと呼びます。ファセットカットは、おもに3つのグループに分けられますが、さらに細かい種類に分けられます。

①ブリリアントカット

ダイヤモンドなどに使われているカット。宝石に入ってきた光が、最大限に反射するように計算されている。

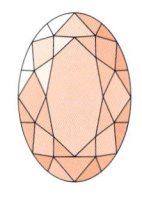

オーバルブリリアント
卵のような楕円形で、サファイアなどに使われる。

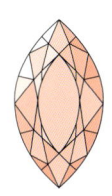

マーキスブリリアント
アーモンドのような上下がとがった形。

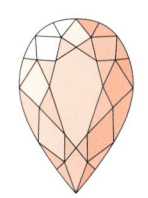

ペアシェイプ
ブリリアント
ペアとは洋ナシのこと。非対称の形でアメシストなどに使われる。

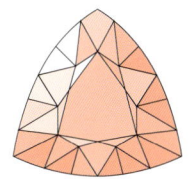

トリリアント
めずらしい三角形のカットで、ペンダントなどに利用される。

ハートシェイプブリリアント
愛を表すハート型のカットでダイヤモンドやルビーに使われる。

②ステップカット

四角形を基本として、側面が平行な階段状に削られている。

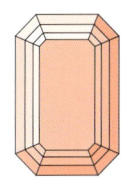

エメラルド
四角形の角を削った八角形。エメラルドがいちばん美しく輝くカット。

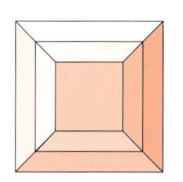

スクエア
正方形のシンプルなカット。

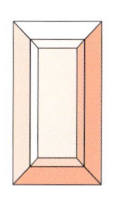

バゲット
長方形のカット。メインの宝石の横に添えられる小さな宝石に用いられることが多い。

③ミックスカット

ブリリアントカットの輝きとステップカットのデザイン性をあわせた技法。

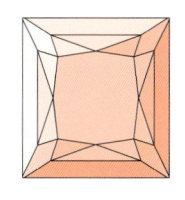

プリンセス
外周はスクエアで、58面体のカットが施されたもの。

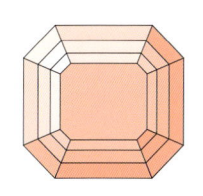

バリオン
外周は八角形で、62面体のカットが施されたもの。

半透明や不透明な宝石に使われるカット法
【カボションカット】

ドーム型もしくは半楕円体にする技法。色の美しさと重量感を引き出す。光の筋（スター）が出るサファイアや、キャッツアイにも用いられる。

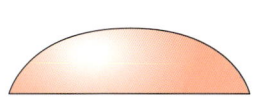

シングルラウンド
表側だけがふくらんだドーム型。

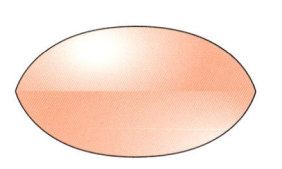

ダブルオーバル
表も裏もふくらみのある半楕円体。

誕生石のルーツを探ろう！

自分の生まれた月に定められた宝石を誕生石といいます。この誕生石を身につけると、災いをさけて幸運を招くと信じられています。

誕生石のルーツをたどると、旧約聖書『出エジプト記』には、ユダヤ教の神殿に仕える祭司の胸当てに12種類の宝石がぬいつけられていたとあります。また、新約聖書『ヨハネの黙示録』には、聖なる都「新しいエルサレム」の東西南北にある12の城門の土台に、それぞれ異なる宝石がちりばめられていたと記されています。これらの12種類の宝石が、誕生石のルーツとなったという説が有力です。

誕生石を身につける習慣が広まったのは18世紀。ポーランドに移住してきたユダヤ人の宝石商が広めたといわれています。その後、祭司の胸当ての宝石が黄道（天球上で太陽が通る道）の十二宮（黄道帯を十二分割し、その付近にある12星座）に因んだものだったことから、占星術の生まれ月の星座と結びつく宝石が12カ月にふり分けられていきました。

その国の文化などによって異なる現代の誕生石

現代の誕生石は、1912年にアメリカの宝石商組合によって定められたものが基になっていて、商業的な観点や季節感などから宝石が選ばれています。宝石の種類は、国によって多少異なり、時代によっても変化しています。また、誕生石が複数ある月もあり、「これが正解」というものはないようです。

日本では、1958年に全国宝石卸商協同組合が決めたのが最初です。日本独自のものとして、桃の節句にぴったりなピンク色が美しいコーラル（さんご）を３月、さわやかな新緑を思わせるひすい（ジェイダイト）を５月に追加しました。その後、誕生石が広く知れわたると、宝石の種類を見直す宝飾メーカーや団体も現れ、オリジナルの誕生石を選定するなど、国内でも多様化しています。

	アメリカ	日本
1月	ガーネット	ガーネット
2月	アメシスト	アメシスト【紫水晶】
3月	アクアマリン／ブラッドストーン	アクアマリン／コーラル【さんご】
4月	ダイヤモンド	ダイヤモンド
5月	エメラルド	エメラルド／ジェイダイト【ひすい】
6月	パール／ムーンストーン	パール【真珠】／ムーンストーン
7月	ルビー	ルビー
8月	ペリドット／サードオニキス	ペリドット（オリーブ石・かんらん石）／サードオニキス
9月	サファイア	サファイア
10月	オパール／トルマリン	オパール／トルマリン
11月	トパーズ	トパーズ
12月	ターコイズ／ジルコン	ターコイズ【トルコ石】／ラピスラズリ

※コーラル【さんご】とパール【真珠】は、生物由来の宝石で、鉱物ではありません。

2章

鉱物とは何か？

方鉛鉱・新潟県白板鉱山

鉱物のいろいろ

鉱物とは、人の手が加わっていない、天然のさまざまな作用によって生み出された結晶質の無機物です。1種類、もしくは複数の元素からなり、その元素のつぶ（原子）が一定の規則に従って並んでいるため、どこをとっても同じつくりになっています。

これまでに世界で約5300種類の鉱物が発見されていて、鉱物にふくまれる元素の種類やその比率（化学組成）と、原子の並び方（結晶構造）によって、鉱物の種類が決まります。つまり、同じ化学組成をもった鉱物でも、結晶構造が異なれば別の種類の鉱物になります。このような関係の鉱物を「多形（同質異像）」といいます。

代表的な多形

石墨とダイヤモンド

どちらも炭素からなる鉱物ですが、結晶構造が異なるため、別の種類の鉱物になります。石墨は特定方向の結合力が弱いため紙にこするだけでくだけてしまうほどもろく、ダイヤモンドは結合力が強いもっとも硬い鉱物です。このように結晶構造によって性質も異なります。

石墨

石墨の結晶構造

← 弱い結合

ダイヤモンド

ダイヤモンドの結晶構造

← 強い結合

MEMO

例外な鉱物

鉱物は、以下3つの条件をすべてクリアしているものとされています。

①生物が関係しない、自然の作用で生まれた無機物

②結晶質の固体

③化学組成をもっている

しかし、これらの条件を満たさない例外な鉱物もあります。

蛋白石 ［オパール］

正しくは「オパル」。ケイ酸と水からなり、結晶することはありません。ケイ酸をふくむ熱水が堆積岩や火山岩のすき間にたまり、ゆっくりと冷えて沈殿したもの。ケイ酸球が規則正しく並んだところには、美しい虹色が現れます。熱と乾燥に弱いので注意が必要です。

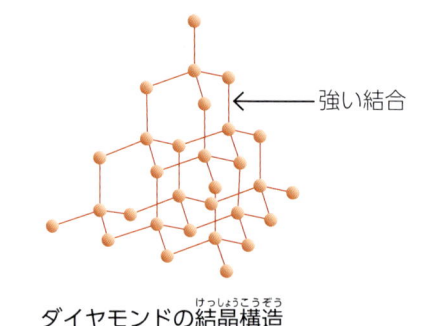

💎 6 　💎 2.1 　💎 $SiO_2 \cdot nH_2O$ 　💎 なし 　💎 非晶質

💎 無色、白、黄、赤、青、緑、褐など

💎 白 　💎 ガラス〜脂肪

オーストラリア・クイーンズランド州

化学組成で鉱物を分類

鉱物はどんな種類の元素がふくまれているかによって、グループに分けることができます。70種類以上あるグループのなかから、いくつか紹介します。

元素鉱物

1種類、または2種類以上の元素が合金を作っている鉱物です。
主な鉱物→自然金、自然硫黄、ダイヤモンドなど

自然硫黄

硫化鉱物

硫黄と、鉄や銅などの金属元素が結びついてできた鉱物です。金属の資源となっている鉱物が多いグループです。
主な鉱物→黄銅鉱、石黄、辰砂など

黄銅鉱

酸化鉱物

酸素とほかの元素が結びついてできた鉱物です。鉄の資源となる鉱物が多いほか、宝石になる鉱物もあります。
主な鉱物→赤鉄鉱、コランダムなど

赤鉄鉱

ハロゲン化鉱物

塩素、フッ素、ヨウ素などをハロゲン元素といいます。このハロゲン元素と結びついた鉱物のことです。
主な鉱物→ほたる石、岩塩など

ほたる石

炭酸塩鉱物

炭素と酸素が結びつき、さらに別の元素と結合してできた鉱物です。
主な鉱物→方解石、苦灰石など

方解石

硫酸塩鉱物

硫黄と酸素が結びつき、さらに別の元素と結合してできた鉱物です。
主な鉱物→石膏、重晶石など

重晶石

ケイ酸塩鉱物

ケイ素と酸素が結びつき、さらに別の元素と結合してできた鉱物です。
主な鉱物→カリ長石、鉄ばん石榴石など

カリ長石

自然水銀 ［マーキュリー］

自然水銀は常温で液体になる、めずらしい金属鉱物です。約−40℃以下になると結晶（三方晶系）します。天然のものはわずかで、ほとんどは硫化鉱物の辰砂から取り出されます。体温計や電池などにも使われていましたが、強い毒性をもつため使用されなくなっています。

💎 なし　🔷 13.6　💠 Hg　💎 なし
💠 非晶質（液体）
🌸 銀白　🔷 なし　　アメリカ・カリフォルニア州
💛 金属

琥珀 ［アンバー］

はるか昔のマツやスギなどの樹液が地中にうまって化石化したものが琥珀です。なかには、太古の虫や葉っぱを閉じこめたものも見つかっています。もともと生物がつくったものですが、自然の作用を経てできているため、「有機鉱物」として分類されています。

💎 2〜2½　🔷 1.1　💠 C、H、O、S
💠 なし　💠 非晶質
🌸 黄、茶褐、赤褐　　岩手県久慈市
🔷 白　💛 樹脂

鉱物を表す化学組成式

鉱物をはじめとしたすべての物質の基礎となるのは、元素です。現在、人工元素もふくみ、118種類の元素が確認されています。元素は記号化されていて、どんな鉱物かを表したいときにもこの元素記号を使います。例えば、自然金なら「Au」、石英なら「SiO_2」となり、これを「化学組成式」といいます。石英の「O」の横にある数字は、ケイ素（Si）1に対して、酸素（O）が2つあることを意味しています。さらに、元素は原子核と電子でできています。

元素の性質や特ちょうを考えて並べたものを、周期表といいます。縦の列「族」が同じ元素は、似た性質をもっています。

MEMO

周期表の生みの親 メンデレーエフ

1869年、元素の性質を研究していたロシアの化学者メンデレーエフは、当時発見されていた63種類の原子を、原子量の順番に並べたところ、元素の性質が周期的に変化する法則「周期律」を発見しました。似た性質をもつ元素が同じ列になるように表をつくってみると、部分的に空白ができました。すると、メンデレーエフは「こんな性質の元素が入る」と、未発見の元素を予言したのです。最初はだれも周期表に注目しなかったのですが、のちに発見された元素が、メンデレーエフの予言通りの性質をもっていたため、世界に広く知れわたり、現在も化学の基本となっています。

元素の周期表

族／周期	1	2	3	4	5	6
1	1 H 水素 1.008					
2	3 Li リチウム 6.941	4 Be ベリリウム 9.012				
3	11 Na ナトリウム 22.99	12 Mg マグネシウム 24.31				
4	19 K カリウム 39.10	20 Ca カルシウム 40.08	21 Sc スカンジウム 44.96	22 Ti チタン 47.87	23 V バナジウム 50.94	24 Cr クロム 52.00
5	37 Rb ルビジウム 85.47	38 Sr ストロンチウム 87.62	39 Y イットリウム 88.91	40 Zr ジルコニウム 91.22	41 Nb ニオブ 92.91	42 Mo モリブデン 95.95
6	55 Cs セシウム 132.9	56 Ba バリウム 137.3	57-71 ランタ ノイド系	72 Hf ハフニウム 178.5	73 Ta タンタル 180.9	74 W タングステン 183.8
7	87 Fr フランシウム (223)	88 Ra ラジウム (226)	89-103 アクチ ノイド系	104 Rf ラザホージウム (267)	105 Db ドブニウム (268)	106 Sg シーボーギウム (271)

ランタノイド系

57 La ランタン 138.9	58 Ce セリウム 140.1	59 Pr プラセオジム 140.9

アクチノイド系

89 Ac アクチニウム (227)	90 Th トリウム 232.0	91 Pa プロト アクチニウム 231.0

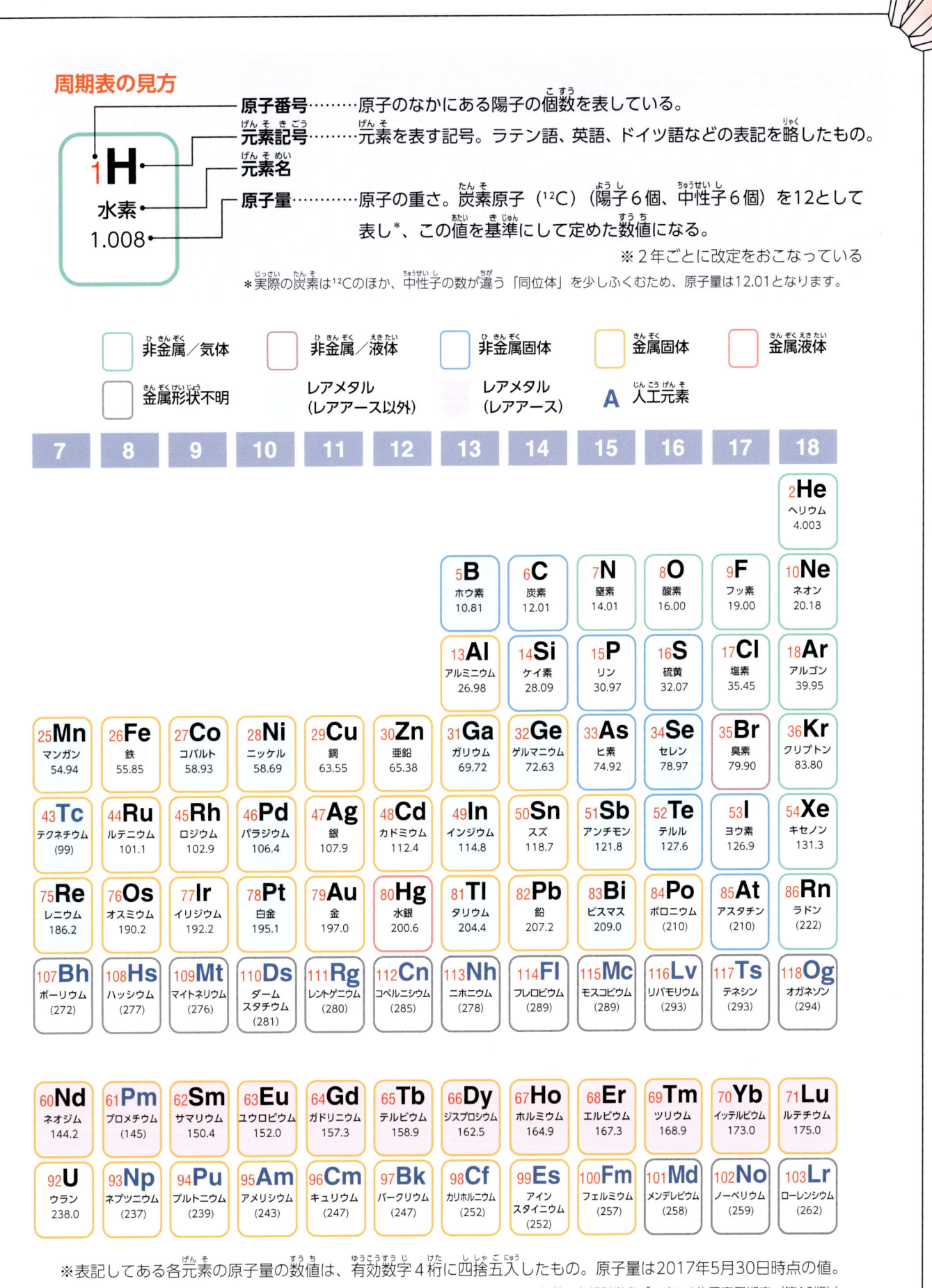

周期表の見方

原子番号………原子のなかにある陽子の個数を表している。

元素記号………元素を表す記号。ラテン語、英語、ドイツ語などの表記を略したもの。

元素名

原子量………原子の重さ。炭素原子（^{12}C）（陽子6個、中性子6個）を12として表し*、この値を基準にして定めた数値になる。

※2年ごとに改定をおこなっている

*実際の炭素は^{12}Cのほか、中性子の数が違う「同位体」を少しふくむため、原子量は12.01となります。

| ₁H 水素 1.008 |

非金属／気体　　非金属／液体　　非金属固体　　金属固体　　金属液体

金属形状不明　　レアメタル（レアアース以外）　　レアメタル（レアアース）　　A 人工元素

7	8	9	10	11	12	13	14	15	16	17	18
											₂He ヘリウム 4.003
						₅B ホウ素 10.81	₆C 炭素 12.01	₇N 窒素 14.01	₈O 酸素 16.00	₉F フッ素 19.00	₁₀Ne ネオン 20.18
						₁₃Al アルミニウム 26.98	₁₄Si ケイ素 28.09	₁₅P リン 30.97	₁₆S 硫黄 32.07	₁₇Cl 塩素 35.45	₁₈Ar アルゴン 39.95
₂₅Mn マンガン 54.94	₂₆Fe 鉄 55.85	₂₇Co コバルト 58.93	₂₈Ni ニッケル 58.69	₂₉Cu 銅 63.55	₃₀Zn 亜鉛 65.38	₃₁Ga ガリウム 69.72	₃₂Ge ゲルマニウム 72.63	₃₃As ヒ素 74.92	₃₄Se セレン 78.97	₃₅Br 臭素 79.90	₃₆Kr クリプトン 83.80
₄₃Tc テクネチウム (99)	₄₄Ru ルテニウム 101.1	₄₅Rh ロジウム 102.9	₄₆Pd パラジウム 106.4	₄₇Ag 銀 107.9	₄₈Cd カドミウム 112.4	₄₉In インジウム 114.8	₅₀Sn スズ 118.7	₅₁Sb アンチモン 121.8	₅₂Te テルル 127.6	₅₃I ヨウ素 126.9	₅₄Xe キセノン 131.3
₇₅Re レニウム 186.2	₇₆Os オスミウム 190.2	₇₇Ir イリジウム 192.2	₇₈Pt 白金 195.1	₇₉Au 金 197.0	₈₀Hg 水銀 200.6	₈₁Tl タリウム 204.4	₈₂Pb 鉛 207.2	₈₃Bi ビスマス 209.0	₈₄Po ポロニウム (210)	₈₅At アスタチン (210)	₈₆Rn ラドン (222)
₁₀₇Bh ボーリウム (272)	₁₀₈Hs ハッシウム (277)	₁₀₉Mt マイトネリウム (276)	₁₁₀Ds ダームスタチウム (281)	₁₁₁Rg レントゲニウム (280)	₁₁₂Cn コペルニシウム (285)	₁₁₃Nh ニホニウム (278)	₁₁₄Fl フレロビウム (289)	₁₁₅Mc モスコビウム (289)	₁₁₆Lv リバモリウム (293)	₁₁₇Ts テネシン (293)	₁₁₈Og オガネソン (294)

| ₆₀Nd ネオジム 144.2 | ₆₁Pm プロメチウム (145) | ₆₂Sm サマリウム 150.4 | ₆₃Eu ユウロピウム 152.0 | ₆₄Gd ガドリニウム 157.3 | ₆₅Tb テルビウム 158.9 | ₆₆Dy ジスプロシウム 162.5 | ₆₇Ho ホルミウム 164.9 | ₆₈Er エルビウム 167.3 | ₆₉Tm ツリウム 168.9 | ₇₀Yb イッテルビウム 173.0 | ₇₁Lu ルテチウム 175.0 |
| ₉₂U ウラン 238.0 | ₉₃Np ネプツニウム (237) | ₉₄Pu プルトニウム (239) | ₉₅Am アメリシウム (243) | ₉₆Cm キュリウム (247) | ₉₇Bk バークリウム (247) | ₉₈Cf カリホルニウム (252) | ₉₉Es アインスタイニウム (252) | ₁₀₀Fm フェルミウム (257) | ₁₀₁Md メンデレビウム (258) | ₁₀₂No ノーベリウム (259) | ₁₀₃Lr ローレンシウム (262) |

※表記してある各元素の原子量の数値は、有効数字4桁に四捨五入したもの。原子量は2017年5月30日時点の値。

参考：文部科学省「一家に1枚元素周期表（第10版）」

地球の構造と岩石

地球の構造は、半熟ゆで卵によく似ていて、中心にある黄身＝核、これを包む白身＝マントル、その表面を覆う硬い殻＝地殻の３層になっています。地球の約80％を占めるマントルと地殻は岩石からなります。岩石はそのつくられ方により、火成岩、堆積岩、変成岩の３種類に分けることができます。岩石は、単独またはいくつかの鉱物が集まってできています。

地球の内部構造

外側に軽いもの、内側に重いものが位置し、中心に向かうほど温度や圧力が高まる。

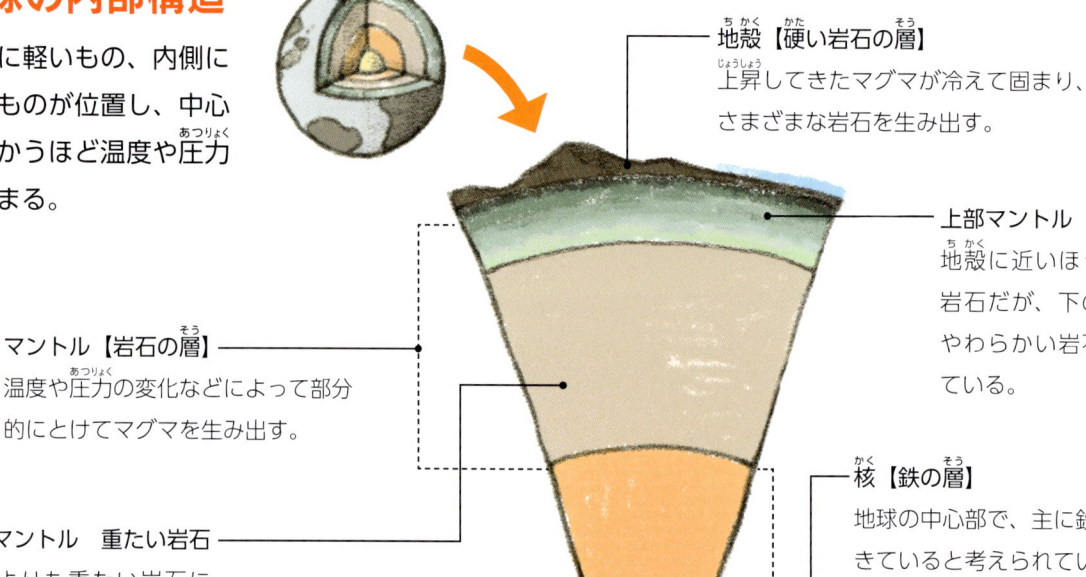

地殻【硬い岩石の層】
上昇してきたマグマが冷えて固まり、さまざまな岩石を生み出す。

上部マントル
地殻に近いほうは硬い岩石だが、下のほうはやわらかい岩石になっている。

マントル【岩石の層】
温度や圧力の変化などによって部分的にとけてマグマを生み出す。

核【鉄の層】
地球の中心部で、主に鉄でできていると考えられている。

下部マントル　重たい岩石
上部よりも重たい岩石になっていて、固体のままゆるやかに動いている。

外核
鉄がとけた液体の状態でゆっくり動いている。

内核
約6000℃ある中心部は、圧力がもっとも高いため、鉄は固体になっている。

火成岩

マグマが冷えて固まってできた岩石。地下のマグマだまりで数百万年かけてゆっくり冷えたものを「深成岩」、火山の噴火などで地表にでてきて急速に冷えたものを「火山岩」といいます。

花こう岩【深成岩】

大陸をつくる岩石としてもっとも一般的な岩石。
主な構成鉱物／石英、カリ長石、斜長石、黒雲母、白雲母、角閃石など

斑れい岩【深成岩】

黒っぽい鉱物（有色鉱物）が多くふくまれ、海洋の底（海洋地殻）などをつくる岩石。
主な構成鉱物／斜長石、角閃石、オリーブ石、輝石など

ペリドット岩（かんらん岩）【深成岩】

マントルの上部を構成する岩石。地殻変動などで地表に現れるが、蛇紋岩（変成岩）に変質してしまうことが多い。

主な構成鉱物／オリーブ石、輝石など

安山岩【火山岩】

日本の火山岩のなかでいちばん多い岩石。

主な構成鉱物／斜長石、オリーブ石、輝石など

玄武岩【火山岩】

地球上でもっとも多い火山岩。主に黒っぽい鉱物（有色鉱物）で構成され、海洋の底（海洋地殻）もふくみ、ほとんどの地表をつくっている岩石。

主な構成鉱物／斜長石、オリーブ石、輝石など

堆積岩

火成岩が風や水、熱などの自然のさまざまな作用で小さな粒子になり、これらが低地などにたまって動かなくなって固まった岩石です。また、生物がもつ、石灰質の殻がたまって固まったものもあります。

石灰岩

さんご礁や貝殻、有孔虫の化石がなどが堆積して固まった岩石。

主な構成鉱物／方解石、あられ石

泥岩

主に陸上から運ばれた極めて小さな泥のつぶが海底などに積み重なって固まった岩石。

凝灰岩

火山が噴火したときに出る火山灰や軽石、火山ガラスなどが堆積してできる岩石。

変成岩

地表にある岩石が、プレートの動きによって地下に押しこまれ、高熱や強い圧力によって変化した岩石。このとき一部とけた変成岩はマグマになり、火成岩に生まれ変わることがあります。また、地表近くまで上昇してきたマグマの熱にふれたことで変成岩に変化する岩石もあります。

結晶片岩

地下に押しこまれて、強い圧力がかかり再結晶した岩石。

ホルンフェルス

砂岩や泥岩などが上昇してきたマグマで加熱され再結晶した岩石。

鉱物が生まれる場所

鉱物は、主にマグマや、マグマに熱せられた地下水（熱水）にとけこんでいた成分が地下で固まった（結晶化した）ものです。大地の変動によりそれが地上に出てきます。また、鉱物が熱水や火山ガスにふれたり、高温・高圧で別の鉱物に変化することもあります。

その他に、岩石中の特定の鉱物が水の力で川や湖の底に集められたり、地層が雨と風にさらされてできる鉱物などもあります。天然資源として使われる鉱物が集まる場所を「鉱床」といいます。

熱水鉱脈鉱床
地層や岩石の割れ目に入りこんだ熱水の成分が固まったもの。主に金属鉱物を形成する。
主な鉱物／自然金、自然銀、黄銅鉱など

温泉
温泉水の成分の一部が沈殿する。火山ガス中の成分も結晶化して鉱物になる。
主な鉱物／自然硫黄、黄鉄鉱、鶏冠石など

鉱床酸化帯
金属元素をふくむ鉱物が雨と風にさらされて、別の鉱物に変化したもの。
主な鉱物／藍銅鉱、くじゃく石など

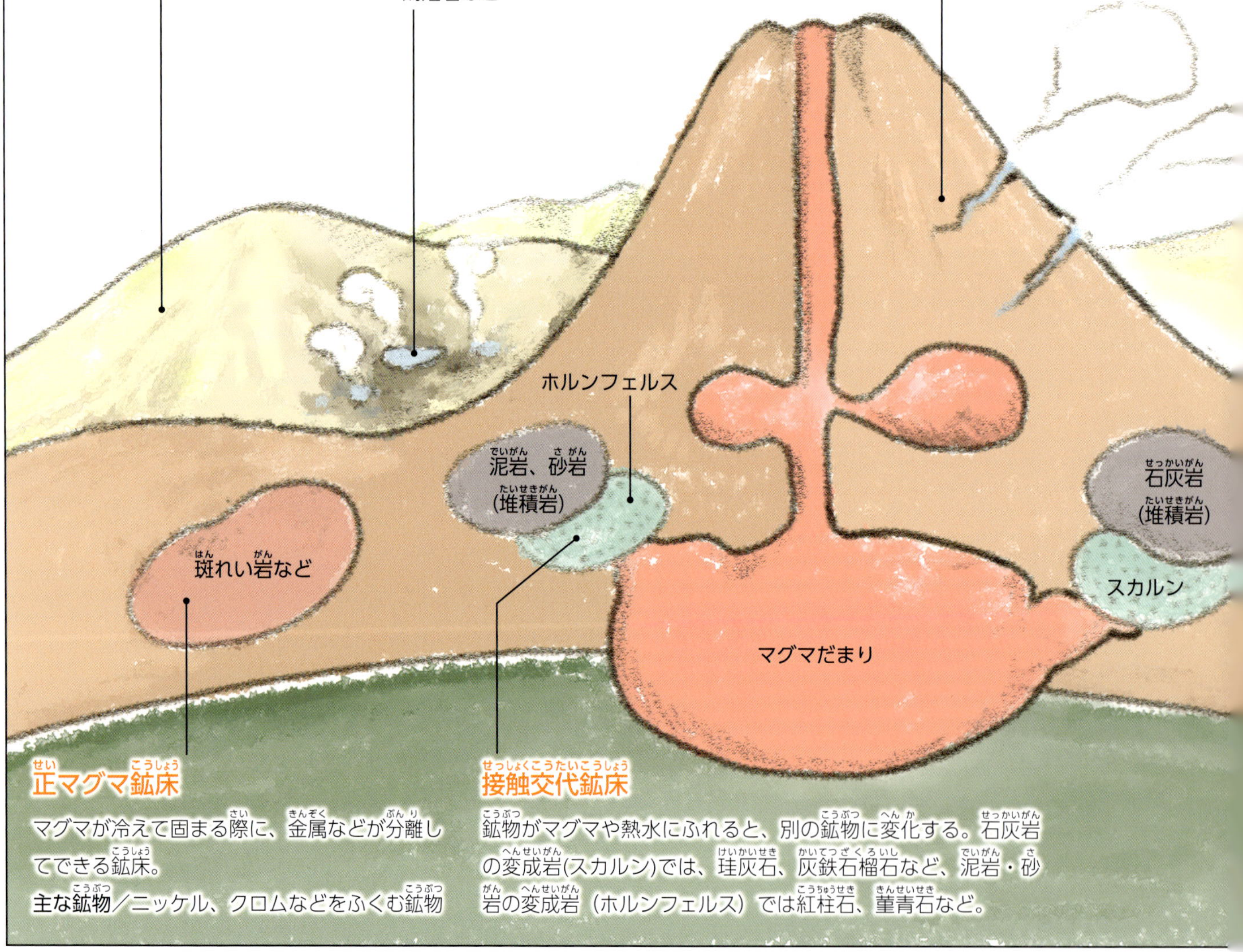

ホルンフェルス

泥岩、砂岩（堆積岩）

石灰岩（堆積岩）

斑れい岩など

スカルン

マグマだまり

正マグマ鉱床
マグマが冷えて固まる際に、金属などが分離してできる鉱床。
主な鉱物／ニッケル、クロムなどをふくむ鉱物

接触交代鉱床
鉱物がマグマや熱水にふれると、別の鉱物に変化する。石灰岩の変成岩（スカルン）では、珪灰石、灰鉄石榴石など、泥岩・砂岩の変成岩（ホルンフェルス）では紅柱石、菫青石など。

隕石（いんせき）は地球内部を知る手がかり！

多くの隕石（いんせき）は、火星と木星の間に存在（そんざい）する「小惑星帯（しょうわくせいたい）」から飛来してきます。小惑星（しょうわくせい）は地球と同時期につくられたことから、隕石（いんせき）を調べれば地球の内部構造を知ることができます。隕石（いんせき）には、主にケイ酸塩鉱物（さんえんこうぶつ）で構成（こうせい）される「石質隕石（せきしついんせき）」、鉄とニッケルをふくむ「鉄隕石（てついんせき）」、両方の成分をもつ「石鉄隕石（せきてついんせき）」の３種類があります。

オーストラリアに落下した鉄隕石（てついんせき）は、小惑星（しょうわくせい）の中心核（しんかく）をつくっていたと考えられています。

湖

水にとけていた成分が沈殿（ちんでん）して鉱床（こう／しょう）をつくる。特に塩湖で見られる。
主な鉱物（こうぶつ）／岩塩（がんえん）、石膏（せっこう）など

隕石（いんせき）

宇宙からきた鉱物（こうぶつ）。地球では発見されていない鉱物（こうぶつ）がふくまれることもある。

堆積鉱床（たいせきこうしょう）

風雨によって砕（くだ）かれた鉱物（こうぶつ）の粒子（りゅうし）が地表に集まり、海や川の底に沈殿（ちんでん）して鉱床（こうしょう）をつくる。
主な鉱物（こうぶつ）／砂金（さきん）、ダイヤモンド、砂鉄（さてつ）など。

海底熱水鉱床（かいていねっすいこうしょう）

海底でマグマの影響（えいきょう）でできた熱水がつくる鉱床（こうしょう）。

ペグマタイト鉱床（こうしょう）

マグマが固まるときに、大きな結晶（けっしょう）をもつ花こう岩（がん）がつくられ、その中に有用な鉱物（こうぶつ）がふくまれる。
主な鉱物（こうぶつ）／石英（せきえい）、カリ長石（ちょうせき）、緑柱石（りょくちゅうせき）、雲母（うんも）など

花こう岩（か／がん）

付加体（ふかたい）

変成鉱床（へんせいこうしょう）

海洋プレートが地下にしずみこむ際（さい）に、鉱物（こうぶつ）に高温・高圧（こうあつ）がかかり、別の鉱物（こうぶつ）に変化する。
主な鉱物（こうぶつ）／ひすい輝石（きせき）など

熱水鉱床（ねっすいこうしょう）

海洋地殻（かいよう／ち／かく）

鉱物を分類する ①結晶系

鉱物は結晶の成長が環境によって決まります。鉱物の結晶に必要な元素が豊富にあり、自由に成長できる広い空間では、その鉱物固有の外形に育ちます。これを「自形」といいます。反対に、周りに別の鉱物があって自由に成長できる空間がない場合は、固有の外形には育ちません。鉱物がその空間におさまる外形になってしまうことを「他形」といいます。

よく見られる結晶の外形

上下左右対称の形

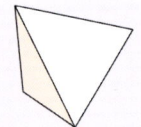

正四面体
同じサイズの正三角形の面4枚で囲まれている立体。

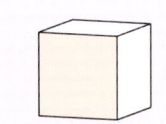

正六面体（立方体）
同じサイズの正方形の面6枚で囲まれている立体。

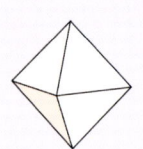

正八面体
同じサイズの正三角形の面8枚で囲まれている立体。

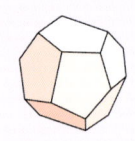

五角十二面体
五角形の面12枚で囲まれている立体。正五角形ではない。

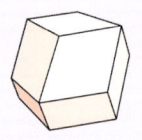

斜方十二面体
ひし形の面12枚で囲まれている立体。

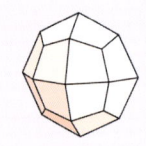

偏菱二十四面体
変形した四辺形24枚で囲まれている立体。

柱のような細長い形

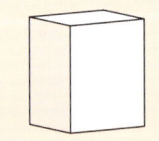

四角柱
底面が四辺形で、側面が縦長の長方形4枚で囲まれている柱のような立体。

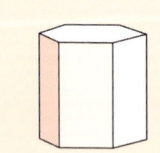

六角柱
底面が六角形で、側面が縦長の長方形6枚で囲まれている柱のような立体。

板のような平たい形

四角状板
底面が四辺形で、側面が横長の長方形4枚で囲まれている板のような立体。

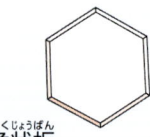

六角状板
底面が六辺形で、側面が横長の長方形6枚で囲まれている板のような立体。

ゆがみのある形

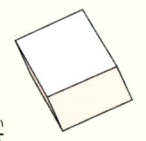

菱面体
ひし形や平行四辺形6枚で囲まれている立体。

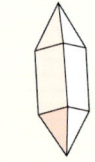

すい状
両端がとがっている立体。

集合体

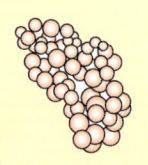

葡萄状
小さな粒状のものが葡萄の房のように集まった塊。

花弁状
花びらのような形をしたものが集まって花形になった塊。

そのほかの形

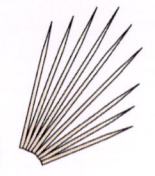

針状
針のように細い形。

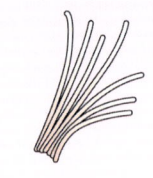

毛状
髪の毛のように細くてしなやかな形。

結晶系で鉱物を分類する

鉱物の外形はさまざまありますが、鉱物には、基本となる原子配列（単位格子）があり、それが繰り返し立体的に並んでいます。この並び方を大きく7種類の「結晶系」に分類することができます。

結晶系	形	特ちょう	主な鉱物
立方晶系	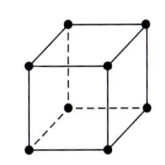	結晶軸3本がすべて同じ長さで、すべて直角に交わる。	 鉄ばん石榴石など
正方晶系	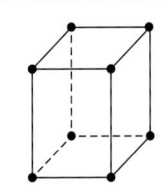	3本ある結晶軸のうち1本だけ違う長さで、すべて直角に交わる。	 ベスブ石など
六方晶系	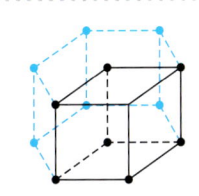	3本ある結晶軸のうち1本だけ違う長さで、その1本と他の2本は直角に交わり、同じ長さの2本の結晶軸は120度で交わる。	 燐灰石など
三方晶系	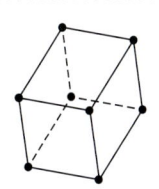	3本の結晶軸の長さは同じで、軸どうしが作る角度は同じだが、90度ではない。	 鉄電気石など
直方晶系	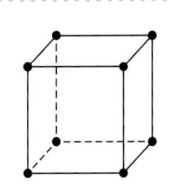	結晶軸3本の長さはすべて異なり、すべて直角に交わる。	 トパズなど
単斜晶系	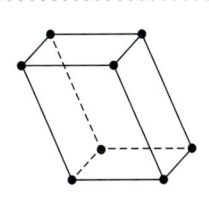	結晶軸3本の長さはすべて異なり、2カ所だけ直角に交わる。1カ所は90度でない。	 藍鉄鉱など
三斜晶系	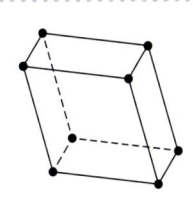	結晶軸3本の長さはすべて異なり、交わる角度もすべて直角ではない。	 斧石など

鉱物を分類する ②条こんと硬度

鉱物には、ふくまれている原子によってそれぞれ固有の色があり、これを「自色」といいます。しかし、同じ種類の鉱物でも色が違うことがあります。これは、鉱物に微量の不純物が入ったためで、これを「他色」といいます。例えば、二酸化ケイ素の結晶である石英（水晶）は、本来無色の鉱物ですが、不純物が混じることで色がつき、不純物の種類でその色も変わります。

石英（水晶）の色

紅石英
微量のチタン、アルミニウムなどが混入してピンク色になる。針状ルチルをふくむものもある。

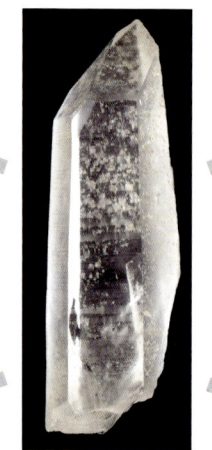

紫水晶
微量の鉄イオンがふくまれると紫色になる。

煙水晶
微量のアルミニウムが天然の放射線にふれると黒褐色になる。

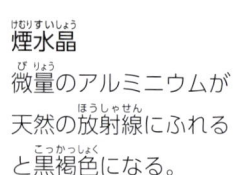

石英（水晶）
本来は無色。透明度の高い結晶を水晶と呼ぶ。

黄水晶
微量の鉄がふくまれると黄色になるが、天然のものは少ない。紫水晶を加熱しても黄色になる。

鉱物の本来の色は条こんでわかる

鉱物を色で見分けることはむずかしいのですが、鉱物を粉末にしたときの色「条こん」で調べる方法があります。条こんは鉱物の種類によって決まっているので、外見がそっくりでも、条こんが異なれば別の鉱物とわかります。反対に石英（水晶）は、さまざまな色に変化していても、条こんはすべて白です。
また、鉱物の自色と条こんが同じ色になるとも限りません。例えば、黄鉄鉱の塊は金色ですが、条こんは黒になります。

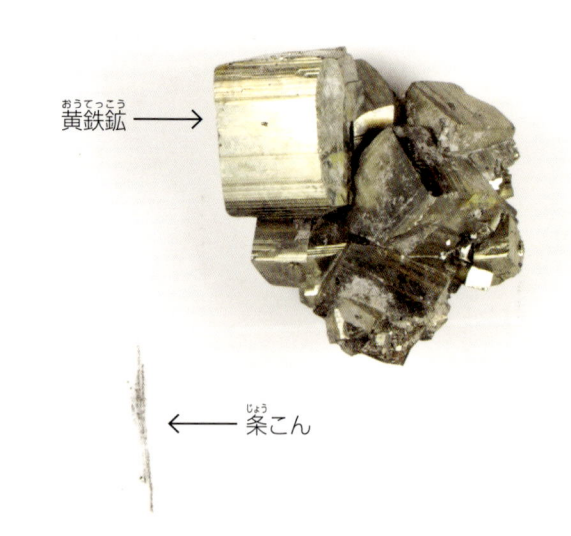

黄鉄鉱 ⟶

⟵ 条こん

黄鉄鉱の条こん
素焼きの陶板（条こん板）に鉱物をこすりつけると見ることができます。タイルの裏や茶わんの底の部分でも代用できます。

鉱物を10段階の硬度で分類する

鉱物の硬さは、ドイツの鉱物学者モースが考案した「モース硬度計」で分類することができます。硬度計では、もっともやわらかい硬度1の滑石から、もっとも硬いダイヤモンドまで10段階の基準となる鉱物が決められています。数字が上がるほど硬くなりますが、各硬度の差は均一ではありません。

硬度の計測は、2つの鉱物を引っかき合わせてどちらにキズがつくかで調べます。また、鉱物は面によって硬度が変わるものもあるので、いくつかの面で計測することも大切です。

硬度を調べるときは、鉱物に衝撃を与えるのではなく、基準となる鉱物と調べたい鉱物とを引っかき合わせてはかります。

MEMO

ダイヤモンドの採れる場所

ダイヤモンドをふくむ火山岩をキンバーライトと呼びます。キンバーライトは、地下約150kmという非常に深い場所からやってきたマグマの噴出でできた火山岩で、パイプ状に地下に伸びています。高温・高圧の地下で誕生し、ゆっくり上昇すると燃えたり石墨に変化してしまうダイヤモンドを、高速で地上近くまで運んでくるのです。ダイヤモンドの鉱山は南アフリカ南部やロシア、オーストラリア、カナダなどで見つかっています。

南アフリカ・キンバリーにあるダイヤモンドの鉱山跡。

モース硬度計

1	滑石	
2	石膏	
3	方解石	
4	ほたる石	
5	燐灰石	
6	正長石（カリ長石）	
7	石英	
8	トパズ	
9	コランダム	
10	ダイヤモンド	

鉱物を分類する ③光沢とへき開

鉱物の第一印象ともいえる、輝き（光沢）も鉱物を見分ける目安になります。光沢は鉱物の透明度、光の屈折率、光の反射度合いなどによって決まります。光沢を数字で表すのではなく、代表的な輝き方をする物質のイメージで表します。結晶の育ち方や産地によって光沢に差が出る場合もあります。

光沢の種類

金属光沢

不透明で光をまったく通さず、光を強く反射する、まさに金属の光沢をもつもの。自然金などの元素鉱物や、方鉛鉱などの硫化鉱物のほとんどが金属光沢です。

非金属光沢

透明感があり、光を通しやすいもの。光の性質によって、おもに6種類に分けられる。

●ダイヤモンド光沢
透明度が高く、光の屈折率も高いため、もっとも強い輝きを放っている。金剛光沢とも呼ばれる。
主な鉱物／ダイヤモンド、白鉛鉱など

●ガラス光沢
透明度が高く、ガラスのような輝きを放っている。
主な鉱物／石英、ほたる石、緑柱石など

●樹脂光沢
やや透明度が低くなり、プラスチックのようなやわらかな輝きを放っている。
主な鉱物／石黄、自然硫黄など

●脂肪光沢
樹脂光沢よりも透明度が低くなり、グリースのような脂ぎった輝きを放っている。
主な鉱物／蛇紋石、氷晶石など

●真珠光沢
半透明で、真珠のようなやわらかな輝きを放っている。
主な鉱物／トラスコット石、滑石、ソーダ雲母など

●絹糸光沢
絹糸の束のようなツヤのある輝きを放っている。繊維状の結晶が集まる鉱物に見られる。
主な鉱物／ドーソン石、直閃石など

鉱物には固有の割れ方「へき開」がある

鉱物に衝撃を与えると割れますが、これは結合していた原子が切り離されるためです。結晶構造によっては、原子の結びつきが特に弱い方向があり、その向きに少し力を加えただけでも割れることがあります。この現象を「へき開」といいます。同じ種類の鉱物は、同じ割れ方をするので、鉱物を見分ける目安になります。ただし、へき開にもきれいに割れる場合とそうでない場合があります。へき開の程度を数値化するのは難しいため、きれいに割れるものを「完全」、割れやすい方向があるけれども完全ではないものを「明瞭」、さらにわかりにくいものを「不明瞭」などと表現します。

へき開が見られない鉱物もあります。例えば、石英には割れる方向というのがなく、貝殻やガラスのような不規則な割れ口になります。

へき開の種類

1方向

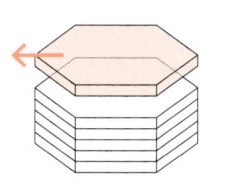

白雲母は1方向に完全なので、うすくはがれる

2方向

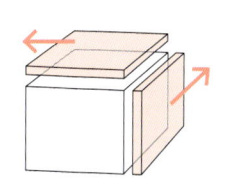

リチア輝石（2方向に完全）

曹長石（2方向に完全）

3方向

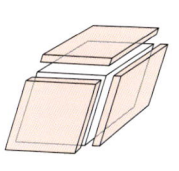

方鉛鉱（3方向に完全）

方解石（3方向に完全）

4方向

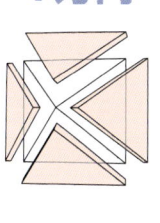

ほたる石（4方向に完全）

6方向

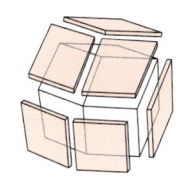

6方向に完全にへき開する鉱物はめずらしく、閃亜鉛鉱とそのなかまが知られています。斜方十二面体や四面体、六面体の結晶をつくります。

へき開なし

へき開のない、不規則な鉱物の割れ方を断口と呼びます。断口は貝殻のような形になるほか、でこぼこ、ギザギザに割れるものなどさまざまです。

石英は貝殻状断口になる。

鉱物を分類する ④比重と特性

鉱物の重さを、同じ体積の水と比べて何倍になるかで表す方法があります。これを「比重」といいます。鉱物には、体積の割に重いものと軽いものがありますが、金属光沢をもつ鉱物に、比重の大きいものが多い傾向があります。

鉱物は、鉱物を構成する元素が重いほど比重が大きくなります。また、同じ元素でできた鉱物でも、元素のつまり方（密度）が、つまっているものほど比重が大きくなります。

比重とは？

水１cm³と同じ体積の鉱物が、水３cm³と同じ重さであるとき、その鉱物の比重は３になります。比重を表す際に基準となるのは、4℃の水で、比重を表すときには単位はつけません。比重と似たものに、物体の重さ（質量）を、体積で割った値である密度がありますが、こちらは１g/cm³のような単位がつきます。

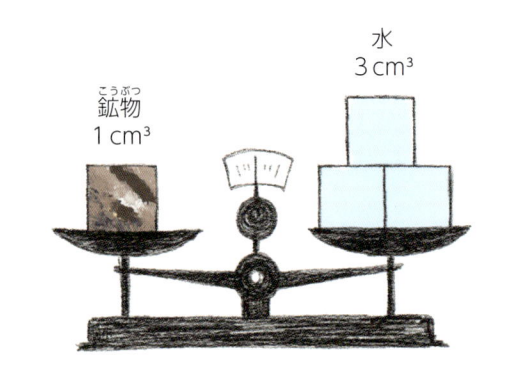

鉱物 1 cm³　　水 3 cm³

おもな鉱物の比重

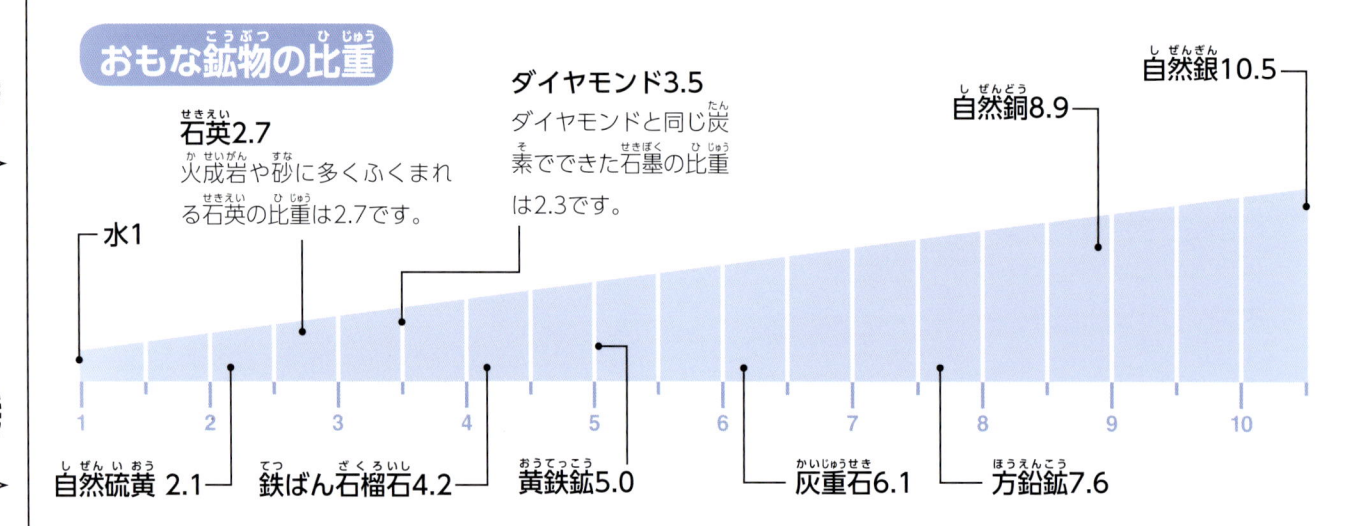

石英2.7
火成岩や砂に多くふくまれる石英の比重は2.7です。

ダイヤモンド3.5
ダイヤモンドと同じ炭素でできた石墨の比重は2.3です。

自然銅8.9

自然銀10.5

水1

自然硫黄 2.1　　鉄ばん石榴石4.2　　黄鉄鉱5.0　　灰重石6.1　　方鉛鉱7.6

特別に重い鉱物の代表が自然金で、比重は19.3（純金の場合）です。砂金の採集には、砂と一緒にすくい上げた砂金が、その重さにより水に流されにくいという性質を利用していて、皿（パンニング皿）に入れた水を動かして砂金をよりわけています。

鉱物を特ちょうづけるさまざまな性質

いままで見てきた以外にも、鉱物にはいろいろな特ちょうをもったものがあるので、そのような性質をいくつか紹介します。なかには取りあつかいが危険なものもあるので、注意しましょう。

蛍光を発する鉱物

暗いところで紫外線を当てると、光る鉱物があります。この光を「蛍光」といいます。紫外線から出るエネルギーを吸収した鉱物が、これを手放すときに、光を発するのです。また、紫外線の照射をやめても光り続けるものは「燐光」と呼びます。
主な鉱物／灰重石、方解石など

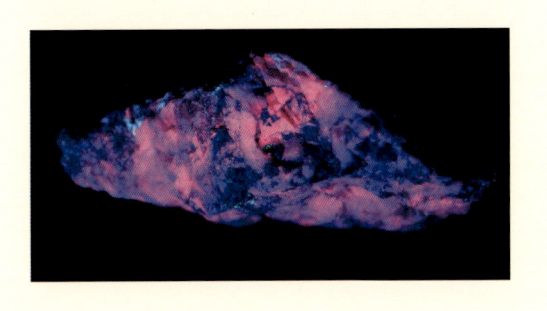

磁性をもつ鉱物

糸で垂らした小さな磁石を鉱物に近づけたときに、磁石を引きよせるのが磁性です。鉄やニッケルが主成分の元素鉱物、酸化鉱物、硫化鉱物で見られ、強さはさまざまです。
主な鉱物／磁鉄鉱、磁硫鉄鉱、自然鉄など

焦電性と圧電性

鉱物を加熱すると電気を帯びる性質を焦電性といいます。電気を帯びた鉱物に小さな紙や糸くずなどを近づけると吸いつけます。また、圧力を加えると電気を発生する鉱物もあり、これを圧電性といいます。
主な鉱物／電気石、石英など

毒性をもつ鉱物

人体に有害な毒性をもつ鉱物もあります。たとえば猛毒の「ヒ素」を主成分とする鶏冠石、石黄などがあるほか、水銀をふくむ辰砂を熱して出る蒸気を吸いこむことも危険です。また、繊維状の石綿（アスベスト）は体内に入りこみ、がんの原因になることがわかっています。

MEMO

花火のひみつ

夏といえば、夜空を彩る花火には鉱物の「炎色反応」が利用されています。炎色反応とは、炎のなかに特定の物質を入れると、その元素特有の色があらわれる現象です。リチウムなら深紅色、ナトリウムなら黄色、カリウムなら淡紫色の光を発します。花火の色は、このようにして作っているのです。

※注意　紫外線を直接見たり、人に向けたりしてはいけません。目や皮膚を痛める場合があります。
また加熱・加圧の実験をする場合は、必ず大人といっしょに行いましょう。

石や鉱物を探そう

石や鉱物を探しに、河原に行ってみましょう。河原の石は上流・中流・下流で大きさや形が変化していくほか、場所によっても拾える石が違います。上流に鉱山跡がある場合には、おもいがけない鉱物を入手できることもあります。

MEMO

鉱物採集に行こう

鉱物採集のためには、博物館や科学館などの観察会に参加したり、鉱物の専門家と一緒に採集に行くのが安心です。地学や鉱物を取りあつかう博物館に問い合わせしてみましょう。

フォッサマグナミュージアム近くの海岸では、ひすい採りの体験ができるほか、石の観察会なども行っています。
（フォッサマグナミュージアム・新潟県）

※国立公園や国定公園、史跡に指定されている場所では、標本の採集が禁止されています。

石や鉱物を採集するときの服装

●ぼうし
熱中症をふせぎ、物の落下から頭を守るために、ぼうしをかぶります。とくに夏は、熱中症対策に注意が必要です。

●安全めがね
ハンマーで石を割るときに、飛びちる破片から目を保護するため、安全めがねを必ずかけましょう。

●服
鉱物採集のさいには、安全のため、長そで、長ズボン、スパッツなど、なるべく肌を出さない服装をしましょう。

●手ぶくろ
手を保護するために、手ぶくろをします。革の手ぶくろや、軍手が適しています。

●くつ
歩きやすいスニーカーをはきます。水辺では長ぐつを用意した方がいいでしょう。

●鉱物用ハンマー（ピックハンマー）
石を割って断面を観察したり、採集した鉱物の形を小さくととのえるために用います。

採集にもって行くもの

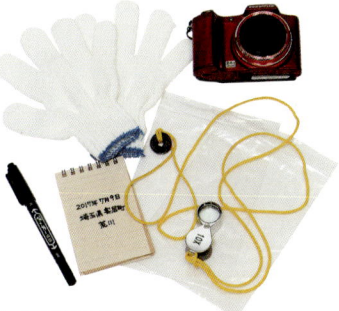

- ●ポリ袋、新聞紙
- ●メモ帳
  採集した場所と日付は必ず記録しておきましょう。
- ●油性フェルトペン
  野外での記録には、水でにじまない油性のフェルトペンが最適です。

- ●磁石（→p.51）
- ●手ぶくろ
- ●ルーペ
- ●デジタルカメラ
  採集した場所を、カメラで記録します。

その他に現地の地図などもあると便利です。

河原の石

河原にある石は、上流にあった岩石が川を下るうちにけずられ丸く小さくなっていったものです。このため、上流ほど大きくごつごつした石が多く、下流では小さい石が多くなります。石の種類や硬さも、形や大きさに違いがある原因となります。

河原で拾った石の、形や色の違いをくらべてみましょう。

MEMO

石を拾ったら

石や鉱物のコレクションの際に重要なのは、採集した場所と、種類についての情報です。せっかく集めた石でも、もち帰ったあと置きっぱなしにしておくと、どこで拾ったものかわからなくなってしまいます。石を拾ったときには、その場で記録を残しておくようにしましょう。

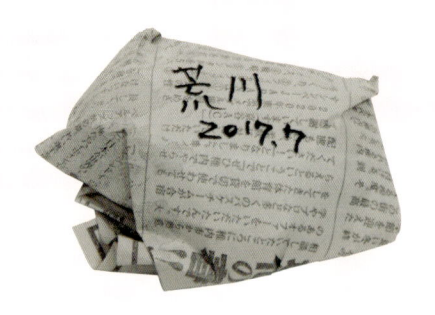

石を1個ずつ紙でつつんで、油性ペンで直接書く

データを書いたメモと一緒にポリ袋に保管

河原で拾ったいろいろな石

秩父山系を水源とする荒川の上流部。埼玉県寄居町の河原で、さまざまな種類の石を拾うことができました。

雲母片岩

薄い層が重なり、板状に割れる。表面できらきら輝いているものは白雲母。変成岩（→p.41）の一種。

チャート

平べったい形で全体が角ばっている。小豆色で、石英の白い脈が入っている。粒子が細かい堆積岩（→p.41）。

緑色片岩

四角くて平べったいが、表面はごつごつしている。変成岩の一種。

蛇灰岩

黒っぽい蛇紋岩の割れ目に、方解石が白いあみ状に通っている。変成岩の一種。

石英閃緑岩

白や半透明の斜長石、石英と、黒っぽい角閃石、雲母などからなる。火成岩（→p.40）の一種。

ホルンフェルス

黒くて硬い岩石。表面に細かいひびが入っている。泥岩がマグマの熱で変化した変成岩。

MEMO

荒川の河原（埼玉県寄居町）

荒川は、甲武信ヶ岳を源流とし、埼玉県と東京都を流れ、東京湾にそそぐ川です。埼玉県寄居町は、荒川が山から平地へと出る場所にあって、河川敷ではさまざまな石を拾ったり観察することができます。

石（鉱物）の調べ方と保存

河原で拾ってきた石は、色や形、硬さなどを手がかりにくわしく調べます。ハンマーで割って断面を調べたり、ルーペで拡大して見ると石の特ちょうがよくわかります。一見して区別がつきにくい石も多いので、そういう場合は地元の科学館や博物館などにいる専門家に問い合わせてみましょう。

ルーペで観察

10 〜 20倍くらいのルーペを使って石を観察すると、鉱物の結晶や、細かい構造などを見ることができます。

ルーペは目の近くに固定し、手にもった石を動かしてピントを合わせます。

石を割って断面を見る

河原の石の多くは、表面がけずられていて、どんな鉱物でできているかがわかりにくくなっています。こんなときは鉱物用ハンマーで石を割って、新しくできた断面を観察すると特ちょうがよくわかります。

ハンマーを使う際には、とがった側でなく平らな方を用います。必ず手ぶくろと安全めがねをして作業をしましょう。

石を洗う

もって帰った石は、最初によく洗います。古い歯ブラシなどを使って、表面の泥やよごれをきれいに落としましょう。

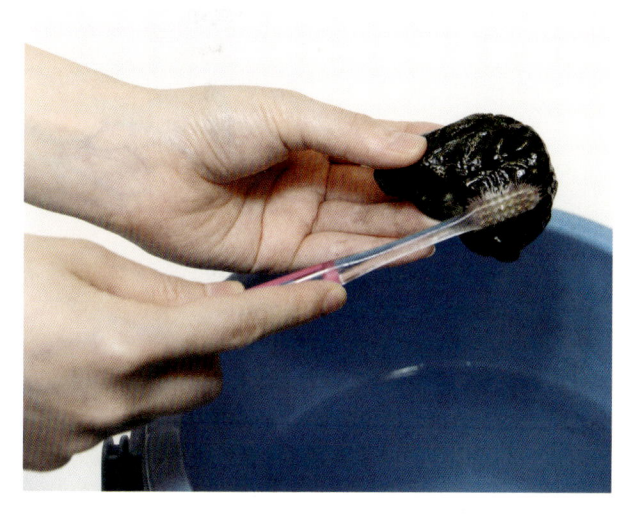

拾ってきた石は、ぬるま湯をバケツにためて、ブラシで洗います。

石にニスをぬる

石の表面がぬれていると、表面の模様が見えやすくなります。乾いた石に、透明なニスをぬっておくと同じような効果がえられます。

ニスをぬることで、石の特ちょうがわかりやすくなります。

取りあつかいに注意が必要な鉱物

鉱物のなかには、取りあつかいの際に特別な注意が必要な種類もあります。次のような鉱物を入手したときは、手入れや保存に気をつけましょう。

光に当てない

紫水晶や紅水晶、辰砂などのように光に当てると変色したり変質する鉱物は、暗い場所に保管するようにしましょう。
主な鉱物→紫水晶、辰砂

他の鉱物と一緒にしまわない

硫黄は金属の表面を黒くさびさせるなど、他の鉱物に影響を与えるので、同じ場所に保管してはいけません。
主な鉱物→自然硫黄と自然銀

湿気に注意

岩塩の結晶は、湿度が高いと潮解という現象をおこしてとけていくので、乾燥剤と一緒に密封します。
主な鉱物→岩塩

水洗いに注意

沸石のなかまのような毛状の結晶は、水洗いで形がこわれてしまうので注意が必要です。
主な鉱物→モルデン沸石

乾燥に弱い

成分に水分を含んでいるオパールは、乾燥するとひび割れてしまうため、水にしずめて保存する必要があります。
主な鉱物→オパール

鉱物や岩石をかざろう

集めた鉱物や石は、採集した日時や場所、種類などを記録した上で、整理しておきましょう。
河原で採集した石ならば、水分に弱いとか、日光で変色や変質するなどの心配はないので、ふつうの箱に入れたり机の上などにかざっても問題ありません。

しきりのついた小さな箱に鉱物をならべます。

小さめサイズの鉱物標本を入れるのには、チョコレートの空き箱がぴったりです。可愛い箱を見つけたときに、捨てずにとっておきましょう。

MEMO

100円ショップを利用しよう

100円ショップの、アクセサリーや薬を入れておくためのケースには鉱物を整理するのにぴったりのものがあります。いろいろなもので、工夫してみましょう。

鉱物を入れたケースに、シールなどで飾りつけをすると楽しくなります。

石の整理のため、大きさはなるべくそろえておきましょう。

ガラスケースに拾った石をディスプレイするのも、面白いです。

河原（かわら）で拾った石なら、かごに入れて机（つくえ）の上（うえ）に飾（かざ）っておいても大丈夫（だいじょうぶ）です。

同じ場所で拾った石に、記号や番号をつけて管理する方法もあります。

採集（さいしゅう）した日付や、場所も忘（わす）れないように書いておきましょう。

MEMO

ミネラルショーに行ってみよう

年に数回、東京（とうきょう）や大阪（おおさか）、名古屋（なごや）などの大都市では、ミネラルショーというイベントが開かれます。ミネラルショーには、鉱物（こうぶつ）や宝石（ほうせき）などをあつかう業者が来てめずらしい鉱物（こうぶつ）を売るほか、工作教室などが行われることもありますので、調べてみましょう。

鉱物や岩石などの展示が見られる博物館

秋田大学大学院国際資源学研究科附属鉱業博物館

秋田県秋田市手形字大沢28-2

TEL：018-889-2461

http://www.mus.akita-u.ac.jp/

秋田大学附属の博物館。3300点のめずらしい鉱物や鉱石、岩石の標本を収蔵している。

東北大学総合学術博物館（理学部自然史標本館）

宮城県仙台市青葉区荒巻字青葉6-3

TEL：022-795-6767

http://www.museum.tohoku.ac.jp/

およそ1200点の鉱物や岩石、化石、隕石の標本が展示されている。

石川町立歴史民俗資料館

福島県石川郡石川町字高田200-2

TEL：0247-26-3768

http://www.town.ishikawa.fukushima.jp/admin/material/

石川町はめずらしい鉱物の産地であり、ペグマタイトや水晶、カリ長石など標本の展示がある。

群馬県立自然史博物館

群馬県富岡市上黒岩1674-1

TEL：0274-60-1200

http://www.gmnh.pref.gunma.jp/

地球の歴史や群馬の自然についての展示を行う。自然観察会なども行う。

栃木県立博物館

栃木県宇都宮市睦町2-2

TEL：028-634-1311

http://www.muse.pref.tochigi.lg.jp/

足尾鉱山産の鉱物をはじめとした県内外の鉱物、岩石標本を収蔵している。

地質標本館

茨城県つくば市東1-1-1

TEL：029-861-3750

https://www.gsj.jp/Muse/

地質調査総合センターが行ってきた「地質の調査」の最新成果を紹介する施設で、地震や火山のしくみのほか、鉱物や化石の展示も見られる。

ミュージアムパーク茨城県自然博物館

茨城県坂東市大崎700

TEL：0297-38-2000

https://www.nat.museum.ibk.ed.jp/

筑波山とその周辺の地質と、岩石についての展示が行われる。鉱物の展示コーナーもある。

埼玉県立自然の博物館

埼玉県秩父郡長瀞町長瀞1417-1

TEL：0494-66-0404

http://www.shizen.spec.ed.jp/

埼玉県の大地のなりたちを紹介していて、鉱物、岩石、化石や地層の展示が見られる。

千葉県立中央博物館

千葉県千葉市中央区青葉町955-2

TEL：043-265-3111

http://www2.chiba-muse.or.jp/?page_id=57

千葉県房総半島の自然誌と歴史に関する研究・展示を行う。ナウマンゾウの骨格化石も見られる。

フォッサマグナミュージアム

新潟県糸魚川市大字 一ノ宮1313（美山公園内）

TEL：025-553-1880

http://www.city.itoigawa.lg.jp/fmm/

日本の東西を分ける「フォッサマグナ」とひすいを中心とした博物館。地震や活火山新潟焼山などの災害に関する展示もある。

フォッサマグナミュージアム

ミュージアム鉱研・地球の宝石箱

長野県塩尻市北小野4668（いこいの森公園内）

TEL：0263-51-8111

http://www.koken-boring.co.jp/jwlbox/

鉱物、岩石、化石の博物館で、アクセサリーの製作体験なども行う。

富山市科学博物館

富山県富山市西中野町1-8-31

TEL：076-491-2123

http://www.tsm.toyama.toyama.jp/

市内を流れる川の石ころ図鑑を作製している。夏には自由研究のすすめ方相談会も行う。

※上に紹介した博物館はほんの一例です。住んでいる市町村の博物館なども調べてみましょう。

中津川市鉱物博物館

岐阜県中津川市苗木639-15

TEL：0573-67-2110

http://mineral.n-muse.jp/

水晶やトパーズなどの鉱物を展示する地質博物館です。水晶探しなどもすることができます。

豊橋市自然史博物館

愛知県豊橋市大岩町字大穴1-238（豊橋総合動植物公園内）

TEL：0532-41-4747

http://www.toyohaku.gr.jp/sizensi/

郷土の自然に関する展示がある。地質の調査や、河原の石を調べるジオツアーなども行っている。

三重県総合博物館

三重県津市一身田上津部田3060

TEL：059-228-2283

http://www.bunka.pref.mie.lg.jp/MieMu/

三重県に分布する花こう岩や片麻岩などの岩石、辰砂や黄銅鉱などを展示している。

益富地学会館

京都府京都市上京区出水通り烏丸西入る

TEL：075-441-3280

http://www.masutomi.or.jp/

（展示室は、土日祝日のみ公開）

地学専門の博物館で、さまざまな標本を展示しているほか、鉱物観察会なども行っています。

大阪市立自然史博物館

大阪府大阪市東住吉区長居公園1-23

TEL：06-6697-6221

http://www.mus-nh.city.osaka.jp/

地球の歴史や大阪の地層、土地のなりたちなどの展示があります。

和歌山県立自然博物館

和歌山県海南市船尾370-1

TEL：073-483-1777

http://www.shizenhaku.wakayama-c.ed.jp/

和歌山県の地質や岩石、鉱物に関する展示が行われています。

兵庫県立人と自然の博物館

兵庫県三田市弥生が丘6

TEL：079-559-2001

http://www.hitohaku.jp/

恐竜化石のクリーニング作業を見られるラボがあるほか、化石や岩石関係の展示などがあります。

倉敷市立自然史博物館

岡山県倉敷市中央2-6-1

TEL：086-425-6037

http://www2.city.kurashiki.okayama.jp/musnat/

岡山県の岩石と鉱物、化石のほか、石灰岩台地についての展示もあります。

愛媛大学ミュージアム

愛媛県松山市文京町3 愛媛大学　城北キャンパス

TEL：089-927-8293

https://www.ehime-u.ac.jp/overview/facilities/museum/

岩石、鉱物標本のほか、愛媛大学が合成に成功したヒメダイヤが展示されています。

別子銅山記念館

愛媛県新居浜市角野新田町3-13

TEL：0897-41-2200

http://www.sumitomo.gr.jp/history/related/besshidouzan/

江戸から昭和にかけて操業していた鉱山跡にあり、鉱山の歴史や鉱物、技術について知ることができます。

北九州市立いのちのたび博物館

福岡県北九州市八幡東区東田2-4-1

TEL：093-681-1011

http://www.kmnh.jp/

自然史ゾーンに隕石や鉱物、化石の展示が行われています。

鹿児島県立博物館

鹿児島県鹿児島市城山町1-1

TEL：099-223-6050

http://www.pref.kagoshima.jp/hakubutsukan/

鹿児島の大地に関する展示があります。岩石の標本作製をしたり、種類を調べる教室なども行われています。

沖縄県立博物館

沖縄県那覇市おもろまち3-1-1

TEL：098-941-8200

http://www.museums.pref.okinawa.jp/index.jsp

琉球列島のなりたちに関する展示があります。

化石や岩石、鉱物の標本も見られます。

秋田大学大学院国際資源学研究科附属鉱業博物館

さくいん

（鉱物・宝石・岩石など）

◆ 監修・鉱物写真提供　松原 聰（まつばら・さとし）

独立行政法人　国立科学博物館：元地学研究部長　名誉館員・名誉研究員　理学博士

- **◆ 編集**　ニシ工芸株式会社（木島理恵、佐々木裕、高瀬和也）
- **◆ 装丁・デザイン**　ニシ工芸株式会社（小林友利香）
- **◆ 企画**　岩崎書店編集部
- **◆ 写真撮影**　斎藤政春
- **◆ 写真・取材協力**　独立行政法人 国立科学博物館　櫻井鉱物標本／秋田大学大学院国際資源学研究科附属鉱業博物館／株式会社エスプレス・メディア出版／株式会社ジェムワークス／秩父梨名／張本一景／フォッサマグナミュージアム／アマナイメージズ／PIXTA／Shutterstock
- **◆ イラスト**　みょうが／是村ゆかり
- **◆ ロゴマーク作成**　石倉ヒロユキ

〈参考文献〉

『学研の図鑑　美しい鉱物』（松原聰監修／学研プラス）2013年

『鉱物の不思議がわかる本』（松原聰監修／成美堂出版）2006年

『鉱物・宝石大図鑑』（松原聰監修／成美堂出版）2014年

『鉱物図鑑』（松原聰著／KKベストセラーズ）2014年

『図説 鉱物の博物学』（松原聰・宮脇律郎・門馬綱一著／秀和システム）2016年

『鉱物結晶図鑑』（松原聰監修・野呂輝雄編著／東海大学出版会）2013年

『増補改訂フィールドベスト図鑑14　日本の鉱物』（松原聰著／学研プラス）2009年

『鉱物アソビ』（フジイ キョウコ編著／ブルース・インターアクションズ）2008年

『小学館の図鑑NEO　岩石・鉱物・化石』（小学館）2012年

『プロが教える　鉱物・宝石のすべてがわかる本』（下林典正・石橋隆監修／ナツメ社）2014年

『おもしろサイエンス　宝石の科学』（宝石と生活研究会編著／日刊工業新聞社）2011年

『かわらの小石の図鑑』（千葉とき子・斎藤靖二著／東海大学出版会）1996年

＊この本に掲載されている情報は特に記載のない場合、2017年8月現在のものです。

調べる学習百科　鉱物・宝石のひみつ

2017年10月31日　第1刷発行
2025年 2月15日　第5刷発行

監修者　松原 聰

発行者　小松崎敬子

発行所　株式会社岩崎書店

〒112-0014　東京都文京区関口2-3-3 7F

電話（03）6626-5080（営業）／（03）6626-5082（編集）

ホームページ:https://www.iwasakishoten.co.jp

印刷・製本　大日本印刷株式会社

NDC459　ISBN:978-4-265-08445-6　64頁　29×22cm
©2017　Nishikougei
Published by IWASAKI Publishing co.,ltd.　Printed in Japan
ご意見ご感想をお寄せ下さい。e-mail:info@iwasakishoten.co.jp
落丁本・乱丁本は小社負担でおとりかえいたします。